Christiane Mázur Doi
Cecília Maria Villas Bôas de Almeida

Explicando Física e Química

Explicando Física e Química

Copyright© Editora Ciência Moderna Ltda., 2018

Todos os d ireitos par a a língua portuguesa reserv ados pela EDIT ORA CIÊNCIA MODERNA LTDA.

De ac ordo co m a L ei 9.6 10, de 1 9/2/1998, nenh uma parte deste livro poderá s er reproduzida, transmiti da e gravada, por qualquer me io eletrônico, mecâ nico, p or fotocópia e outros, sem a prévia autorização, por escrito, da Editora.

Editor: Paulo André P. Marques
Produção Editorial: Dilene Sandes Pessanha
Capa: Daniel Jara
Diagramação: Daniel Jara
Copidesque: Equipe Ciência Moderna

Várias **Marcas Re gistradas** a parecem no de correr de ste l ivro. Mai s d o que simplesmente listar esses nomes e in formar quem possui seus direitos d e exploração, o u ain da im primir os lo gotipos das mesm as, o editor declara estar utilizando tais nomes a penas para fins edi toriais, em ben efício exclusivo do do no da Marca Registrada, sem intenç ão de infringir as regras de sua utilizaç ão. Qualquer semelhança em nomes próprios e acontecimentos será mera coincidência.

FICHA CATALOGRÁFICA

DOI, Christiane Mázur; ALMEIDA, Cecília Maria Villas Bôas de.

Explicando Física e Química

Rio de Janeiro: Editora Ciência Moderna Ltda., 2018.

1. Física. 2. Química.
I — Título

ISBN: 978-85-399-0757-1

CDD 530
540

Editora Ciência Moderna Ltda.
R. Alice Figueiredo, 46 – Riachuelo
Rio de Janeiro, RJ – Brasil   CEP: 20.950-150
Tel: (21) 2201-6662/ Fax: (21) 2201-6896
E-MAIL: LCM@LCM.COM.BR
WWW.LCM.COM.BR

01/18

Introdução

É muito comum ouvirmos pessoas falando assim: "não entendo Física e Química", "Física e Química são para gênios" ou "Física e Química são muito complicadas"...

Aqui, vamos apresentar, de forma simples e direta, assuntos básicos de Física e de Química, que podem ajudar na hora de entendermos e aplicarmos alguns conceitos.

Com linguagem de fácil acesso, esta publicação apresenta 25 tópicos de modo simples e didático e, para propiciar melhor entendimento, são utilizados recursos de imagens, como esquemas, figuras e gráficos.

Os tópicos selecionados incluem conceitos como força, leis de Newton, gravitação, teoria da Relatividade, estrutura atômica, íons, ligações químicas, estequiometria, Química Orgânica, polímeros, estrutura cristalina, nanomateriais, gases perfeitos, eletricidade, eletromagnetismo, radiação e o Big Bang (a grande explosão inicial que deu origem ao universo).

Cada tópico pode ser consultado isoladamente para sanar dúvidas pontuais, mas a leitura completa do livro pode auxiliar no conhecimento introdutório de fundamentos da Física e da Química de modo simples e concreto.

Sumário

1. Força 1
2. Leis de Newton 5
3. Gravitação 9
4. Rapidez, velocidade e aceleração 11
5. Teoria da Relatividade 15
6. Energia 19
7. Estrutura atômica, distribuição eletrônica, estabilidade dos átomos e íons 23
8. Ligações químicas 29
9. Mol 35
10. Soluções e concentrações 41
11. Propriedades coligativas 45
12. Estequiometria 49
13. Ácidos e bases 51
14. pH 57
15. Química Orgânica 59
16. Clorofluorcarbonos (CFCs) 67
17. Polímeros 71
18. Estrutura cristalina 75
19. Nanomateriais 79
20. Gases perfeitos 83
21. Eletricidade 89
22. Eletromagnetismo 93
23. Eletrólise 97
24. Radiação 101
25. Big Bang 105

1. Força

No nosso dia a dia, costumamos usar bastante a palavra força: fazemos força, por exemplo, para empurrar um armário e para puxar uma gaveta (figura 1.1).

Figura 1.1. Fazemos força para empurrar um armário e para puxar uma gaveta.

Há também a força que faz com que, ao soltarmos uma bolinha, ela caia verticalmente para baixo (figura 1.2).

Figura 1.2. Bola caindo verticalmente.

Nos primeiros casos (figura 1.1), temos a interação direta entre dois corpos: as mãos do menino em contato com o armário, empurrando-o, e as mãos do menino em contato com a gaveta, puxando-a.

No último caso (figura 1.2), temos a interação entre um corpo e um campo de forças: a bola (corpo) cai verticalmente pela ação da gravidade (campo gravitacional), em um movimento chamado de queda livre. A força "gerada" pelo campo gravitacional é a força peso, ou seja, o peso da bola.

Nas situações apresentadas na figura 1.1 e em outras, como no caso de dois ou mais blocos encostados, temos forças que "nascem" do contato entre dois corpos, ou seja, forças de contato.

Nas situações apresentadas na figura 1.2 e em outras, como no caso de uma carga elétrica acelerada pela ação de um campo elétrico, temos forças que "nascem" da ação de campos sobre corpos, ou seja, forças via campo.

Na figura 1.3, temos a representação de um bloco (bloco A) apoiado em outro bloco (bloco B), que, por sua vez, está apoiado em um piso horizontal. Trata-se de um exemplo em que há as atuações de forças de contato e de forças via campo.

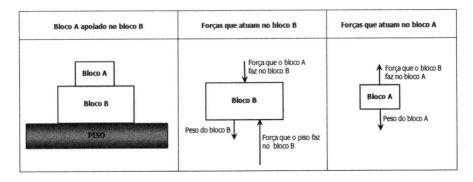

Figura 1.3. Bloco A apoiado no bloco B, que está apoiado em um piso horizontal.

Conforme mostrado na figura 1.3, vemos que as duas forças que atuam no bloco B são as detalhadas a seguir.

- Força que o bloco B faz no bloco A (força devida ao contato entre os blocos A e B).

- Peso do bloco A (força devida à ação do campo gravitacional da Terra no bloco A).

Pela figura 1.3, observamos que as três forças que atuam no bloco A são as indicadas a seguir.

- Força que o bloco A faz no bloco B (força devida ao contato entre os blocos A e B).

- Força que o piso faz no bloco B (força devida ao contato entre o bloco B e o piso).

- Peso do bloco B (força devida à ação do campo gravitacional da Terra no bloco B).

Dependendo da sua natureza, temos, entre outras, a força elástica, a força normal, a força elétrica e a força magnética.

2. Leis de Newton

Existem muitas imagens engraçadas, como a da figura 2.1, que mostram Isaac Newton (Woolsthorpe by Colsterworth, 1643 — Londres, 1727) sentado à sombra de uma árvore e sendo atingido, na cabeça, por uma maçã. Segundo a lenda, o impacto da fruta fez com que Newton percebesse, em si mesmo, os efeitos da gravidade, propondo a teoria da gravidade.

Figura 2.1. Newton e a maçã.

O que vamos explicar agora não se refere à gravitação, mas às três leis de Newton da Dinâmica.

Primeira Lei de Newton (Lei da Inércia)

A Primeira Lei de Newton afirma que se a resultante das forças que atuam em um corpo for igual a zero, esse corpo está parado (em repouso) ou está se movendo em linha reta e com velocidade constante (em movimento retilíneo uniforme). É isso mesmo, se o "resultado final" de todas as forças que agem em um corpo for zero, esse corpo está "imóvel" ou está em movimento, mas em um tipo especial de movimento, o movimento retilíneo uniforme.

Vamos entender isso melhor.

Imagine que você deixe um livro em cima de uma mesa com tampo na horizontal. Se ninguém puxar ou empurrar o livro, ele fica exatamente como está, ou seja, parado.

Existem forças atuando nesse livro?

Na horizontal, nenhuma. Na vertical, há duas forças, mas que se anulam. Logo, a resultante das forças que atuam no livro é zero e ele está em repouso.

Você pode estar se perguntando: quais são as duas forças verticais que atuam no livro? Uma delas é o próprio peso do livro, que indicaremos pela letra **P**. O peso é a ação gravitacional da Terra sobre o livro, que gera uma força vertical e para baixo (figura 2.2). A outra é a força que a mesa faz para "segurar" o livro, que indicaremos por **N**. Essa ação da mesa sobre o livro é uma força vertical e para cima (figura 2.2).

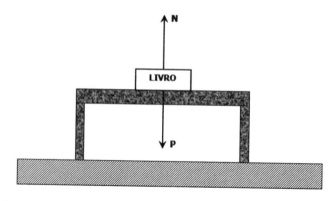

Figura 2.2. Livro "parado" em cima da mesa (resultante de forças igual a zero).

Agora, imagine que você comece a empurrar o livro, que está apoiado na mesa, de modo que ele se mova em um caminho reto (trajetória retilínea) e com velocidade constante. Mesmo nesse caso, a resultante de todas as forças que atuam no livro continua sendo zero. Como isso é possível?

Na vertical, já vimos que a resultante das forças sobre o livro é zero, pois o peso do livro (**P**) e a força que a mesa faz nele (**N**) se anulam.

Na horizontal, a força que você faz enquanto empurra o livro, indicada pela letra **F**, é anulada pela força de atrito existente entre a parte debaixo do livro e a mesa (**Fat**), conforme mostrado na figura 2.3.

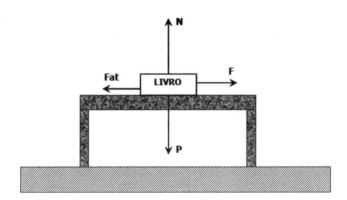

Figura 2.3. Livro movendo-se em linha reta e com velocidade constante (resultante de forças igual a zero).

A Primeira Lei de Newton também é chamada de Lei da Inércia, pois um corpo cuja resultante de forças seja zero tende a ficar "inerte, como está": parado ou em movimento em linha reta com velocidade constante.

Segunda Lei de Newton (Princípio Fundamental da Dinâmica)

A Segunda Lei de Newton afirma que a resultante **R** de todas as forças aplicadas em um corpo pode ser calculada multiplicando a massa **m** do corpo pela sua aceleração **a** (figura 2.4). Ou seja, **R**=m.a.

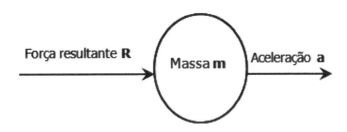

Figura 2.4. Corpo de massa m sujeito à força resultante R e com aceleração a.

A Segunda Lei de Newton também é chamada de Princípio Fundamental da Dinâmica, pois ela mostra a resultante das forças como a "causa" da aceleração do corpo.

Terceira Lei de Newton (Lei da Ação e da Reação)

A Terceira Lei de Newton afirma que toda ação provoca uma reação de igual intensidade, na mesma direção e no sentido contrário. Quando um corpo A exerce força sobre outro corpo B, simultaneamente o corpo B exerce força sobre o corpo A, de mesma intensidade e mesma direção, mas em sentido oposto.

É importante frisar que se A faz força em B, a reação é a força que B faz em A. Ou seja, o par ação/reação não ocorre no mesmo corpo (ação em A e reação em B).

Em virtude do tema tratado, a Terceira Lei de Newton também é chamada de Lei da Ação e da Reação.

3. Gravitação

A gravitação é responsável pelos grandes movimentos no universo, como as órbitas dos planetas ao redor do Sol e a órbita da Lua em torno da Terra. No século 18, Isaac Newton afirmou que é a natureza da força gravitacional que faz com que os objetos caiam com aceleração constante na Terra (gravidade da Terra) e que é essa força que mantém os planetas e as estrelas em suas posições no espaço (figura 3.1). Essa ideia fez com que Newton formulasse a primeira teoria geral da gravitação, universalizando o fenômeno em sua obra Philosophiae Naturalis Principia Mathematica.

Figura 3.1. Costuma-se dizer que Isaac Newton iniciou os estudos da gravidade tentando explicar o motivo de uma maçã sempre cair da macieira, em vez de flutuar.

A lei da gravitação universal é uma lei física clássica que descreve a interação gravitacional entre diferentes corpos com massa. Newton deduziu que a força F com a qual dois corpos com massas m_1 e m_2 se atraem só depende do valor das suas massas e do quadrado da distância r entre eles. Essa força atua como se toda a massa de cada um dos corpos estivesse concentrada em seus centros, ou seja, como se os objetos fossem apenas um ponto.

Assim, a lei da gravidade universal prevê que a força de atração F entre dois corpos de massas m_1 e m_2 separados pela distância r é diretamente proporcional ao produto de suas massas e inversamente proporcional ao quadrado da distância, conforme segue.

$$F = G \frac{m_1 \times m_2}{r^2}$$

Na equação acima, G é o símbolo da constante da gravitação universal, que vale $6,674287 \times 10^{-11}$ $N.m^2.kg^{-2}$. Essa lei mostra que quanto mais massa tem os corpos e mais próximos eles estão, maior é a atração entre eles.

A teoria da relatividade geral de Einstein faz uma análise diferente da interação gravitacional. Segundo Einstein, a gravidade pode ser entendida como um efeito geométrico da matéria no que ele chamou de espaço-tempo. Se certa quantidade de matéria ocupa uma região de espaço-tempo, essa matéria faz com que ele se deforme. Com essa visão, a força gravitacional não é mais interpretada como uma «força que atrai», mas é considerada como o efeito da deformação do espaço-tempo sobre o movimento dos corpos (figura 3.2). De acordo com essa teoria, uma vez que todos os objetos se movem no espaço-tempo, quando ele se deforma, os outros corpos são desviados, produzindo aceleração, que é o que chamamos de gravidade.

Figura 3.2. Representação da deformação do espaço-tempo.

Disponível em <http://tonthat-tonnu.blogspot.com.br/2013/08/trong-luc.html>. Acesso em 16 ago. 2013.

4. Rapidez, velocidade e aceleração

Para falarmos sobre rapidez, velocidade e aceleração, precisamos diferenciar a distância efetivamente percorrida do deslocamento, conforme feito a seguir.

1. Distância e rapidez

A distância efetivamente percorrida, indicada por d, é uma grandeza escalar e equivale ao valor absoluto do comprimento da trajetória descrita por um corpo em movimento, implicando sempre um valor positivo.

Por exemplo, se você anda 4 metros para a direita e volta 3 metros para a esquerda, a distância efetivamente percorrida é de 7 metros. É assim porque a soma dos 4 metros para direita com os 3 metros para a esquerda resulta em uma trajetória de 7 metros de comprimento (figura 4.1).

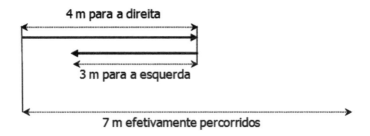

Figura 4.1. Se você anda 4 metros para a direita e volta 3 metros para a esquerda, a distância efetivamente percorrida é de 7 metros.

Vamos supor que você tenha feito essa ida e volta bem compassadamente, com passos regulares e de modo constante em 3 segundos. Nesse caso, a rapidez com a qual você executou o movimento foi de 7 metros por 3 segundos, o que resulta em 2,33 metros por segundo, pois 7 dividido por 3 gera 2,33.

Se chamarmos a rapidez de r e o tempo de t, para movimentos com rapidez constante, podemos usar a seguinte expressão:

$$r = \frac{d}{t}$$

Na situação estudada, temos d igual a 7 metros (d=7m) e t igual a 3 segundos (t=3s). Logo, pela fórmula acima ficamos com

$$r = \frac{d}{t} = \frac{7m}{3s} = 2,3 \ m/s$$

2. Deslocamento e velocidade

O deslocamento, indicado por $\vec{S}$, é uma grandeza vetorial que descreve a "mudança líquida" da posição de um objeto, ou seja, é um vetor associado com a distância entre o ponto de partida e o ponto de chegada do objeto.

Por exemplo, se você anda 4 metros para a direita e volta 3 metros para a esquerda, o deslocamento $\vec{S}$ tem seu valor (ou módulo), indicado por S, igual a 1 metro. É assim porque a combinação dos 4 metros de ida com os 3 metros de volta para a esquerda resulta em uma "mudança líquida" de posição de 1 metro (figura 4.2).

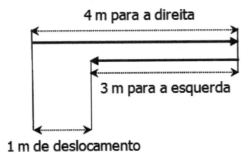

Figura 4.2. Se você anda 4 metros para a direita e volta 3 metros para a esquerda, o deslocamento é de 1 metro.

Vamos supor que você tenha feito essa ida e volta bem compassadamente, com passos regulares e de modo constante em 3 segundos. Nesse caso, o valor da velocidade com a qual você executou o movimento foi de 1 metro por 3 segundos, o que resulta em 0,3 metros por segundo, pois 1 dividido por 3 gera 0,33.

Se chamarmos o valor ou módulo da velocidade de v e o tempo de t, para movimentos com velocidades constantes podemos usar a seguinte expressão:

$$v = \frac{S}{t}$$

Na situação estudada, temos S igual a 1 metro (S=1m) e t igual a 3 segundos (t=3s). Logo, pela fórmula acima ficamos com

$$r = \frac{S}{t} = \frac{1m}{3s} = 0,3 \ m/s$$

3. Velocidade e aceleração

Os conceitos de velocidade e aceleração estão relacionados, mas muitas vezes se faz uma interpretação incorreta desse relacionamento. Há pessoas pensando que quando um corpo está se movendo com grande velocidade, a aceleração também é grande, e que se ele se move lentamente é porque sua aceleração é pequena. Isso é um erro!

A aceleração nos diz como a velocidade se altera e não como é a velocidade. Portanto, um móvel pode ter grande velocidade e aceleração pequena (ou nula) e vice-versa.

Se um móvel acelera de modo constante, o valor da sua aceleração a é calculado como a variação Δv da sua velocidade dividida pelo intervalo de tempo Δt em que essa variação de velocidade ocorre, conforme mostrado na fórmula que segue.

$$a = \frac{\Delta v}{\Delta t}$$

Imagine que um carro "antigo e lento" passe de 30 km/h para 60 km/h, variando sua velocidade em 30 km/h, no intervalo de tempo de meia hora (0,5 h) e que um carro "novo e veloz" passe de 115 km/h para 130 km/h, variando sua velocidade em 15 km/h, no mesmo intervalo de tempo.

Para o carro "antigo e lento", temos Δv de 30 km/h no intervalo Δt de 0,5 h,

logo sua aceleração é de 60 km/h², pois $a = \dfrac{\Delta v}{\Delta t} = \dfrac{30km/h}{0,5h} = 60km/h^2$.

Para o carro "novo e veloz", temos Δv de 15 km/h no intervalo Δt de 0,5 h,

logo sua aceleração é de 30 km/h², pois $a = \dfrac{\Delta v}{\Delta t} = \dfrac{15km/h}{0,5h} = 30km/h^2$.

O exemplo estudado mostra um caso em que um carro mais vagaroso acelera mais do que um carro rápido.

5. Teoria da Relatividade

Falar em teoria da relatividade quase sempre nos remete a uma foto tipo "cientista maluco", com o físico Albert Einstein (Ulm, 1879 - Princeton, 1955) mostrando a língua (figura 5.1).

Figura 5.1. Einstein mostrando a língua.

Pode parecer incoerência, mas nossa conversa sobre tópicos da Teoria da Relatividade vai começar com um postulado de Einstein que afirma que a velocidade da luz não é relativa! Sim a velocidade da luz é sempre a mesma, não dependendo do referencial.

Primeiramente, temos de frisar que existe uma velocidade máxima que uma partícula pode atingir: a velocidade da luz. Esse limite de velocidade é muito maior do que os recordes mundiais de Usain Bolt nos 100 m e 200 m (aproximadamente 10 metros por segundo, ou seja, 10 m/s). Também é maior do que a velocidade máxima alcançada por um Porshe Le Mans (cerca de 110 metros por segundo, ou seja, 110 m/s) ou por um avião MiG 2R (um pouco mais de 970 metros por segundo, ou seja, 970 m/s).

Enfim, a velocidade da luz, representada pela letra c, é quase 300 mil metros por segundo. Ou seja, c=300.000.000 m/s.

Voltando à relatividade, Galileu Galilei (Pisa, 1564 – Florença, 1642), físico, matemático e astrônomo (figura 5.2), já apontava esse princípio no século XVI. Vejamos, a seguir, um exemplo.

Figura 5.2. Galileu Galilei.

Imagine que você esteja sentado em uma cadeira na varanda de uma casa e observe duas crianças, Annia e Marco, brincando de "pega-pega". Suponha que Annia corra, em linha reta, com velocidade constante de 1,5 m/s e que Marco a persiga com velocidade constante de 0,5 m/s. Embora isso não tenha sido explicitado, essas velocidades de 1,5 m/s e de 0,5 m/s de Annia e de Marco, respectivamente, são medidas tendo você parado na cadeira, como referencial.

5. Teoria da Relatividade ♦ **17**

Se colocarmos o referencial em Marco, a velocidade de Annia em relação a Marco não é de 1,5 m/s, mas de 1,0 m/s, pois, como Marco a persegue com velocidade de 0,5 m/s, descontando 0,5 de 1,5, temos a velocidade relativa de 1,0 m/s.

O fato de a velocidade depender do referencial em relação ao qual é medida vale para todos os objetos, mas não vale para a velocidade da luz: segundo um postulado de Einstein, a luz tem velocidade invariante igual a 300.000.000 m/s em relação a qualquer sistema inercial de referência.

Uma consequência da invariância da velocidade da luz é um fenômeno chamado de dilatação do tempo. Vejamos um exemplo.

Suponha que você e eu estejamos em Berlim e que marquemos, por telefone, um encontro para almoçarmos hoje no restaurante "Einstein Kaffee", às 12h30 (horário de Berlim). Para mim, que moro em um apartamento em frente ao "Einstein Kaffee", foi uma ótima sugestão. Você, que está hospedado em um albergue a 15 km do "Einstein Kaffee", deve se apressar para não atrasar...

Da nossa experiência cotidiana, parece que, desde quando terminamos a ligação telefônica para marcarmos o horário do almoço até nos encontrarmos, o tempo passou da mesma maneira para nós dois.

O que Einstein afirma parece contrariar esse fato: ele diz que "o tempo passa mais rápido" para mim, que praticamente não tenho de me mover para chegar ao "Einstein Kaffee", do que para você, que deve se mover!

Como as velocidades envolvidas nos trajetos feitos a pé, com ônibus, com carros ou com aviões são muito menores do que a velocidade da luz, não percebemos o efeito da dilatação do tempo com a velocidade.

18 ♦ Explicando Física e Química

Existe uma história bem conhecida, chamada de "o paradoxo dos gêmeos" que ilustra essa ideia.

Imagine que dois gêmeos (CAK e KAC) realizem a seguinte experiência fictícia: CAK parte da Terra em uma astronave com destino a uma estrela distante enquanto KAC permanece na Terra. Ao retornar, CAK encontra-se com seu irmão gêmeo, KAC, que ficou na Terra, e vê que KAC está alguns anos mais velho do que ele. Isso é explicado pela dilatação do tempo: o tempo passou mais rápido para KAC do que para CAK!

6. Energia

Se observarmos o mundo a nossa volta, vemos que as plantas crescem, os animais se movimentam e as máquinas realizam tarefas variadas (figura 6.1). O que todas essas atividades têm em comum é que precisam de energia para acontecer.

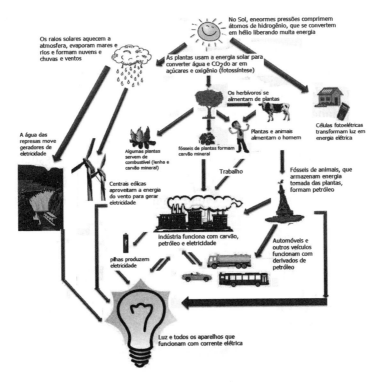

Figura 6.1. Trocas de energia em nosso mundo.
Disponível em <http://www.mailxmail.com/curso-energia/energia-definicion-ciclo>. Acesso em 12 out. 2013.

A energia se manifesta nas transformações, nos movimentos, nas mudanças de temperatura, nos crescimentos etc. Há manifestações físicas, como a elevação de objetos, seu transporte, sua deformação ou seu aquecimento. Há também manifestações químicas, como quando se queima um pedaço de madeira ou se decompõe a água com o uso de corrente elétrica (eletrólise).

Energia é a grandeza física que mede a capacidade de um organismo ou sistema realizar "trabalho", ou seja, mudanças, transformações. O termo deriva do grego δυναμις (energos), cujo significado original é força de ação ou força de trabalho, e ενεργεια (energeia), que significa atividade, operação.

Energia é um conceito muito importante na física e, conforme vimos, está associado com a capacidade de produzir ou realizar "trabalho", ou seja, uma ação ou um movimento. A unidade de energia definida pelo Sistema Internacional de Unidades (SI) é o joule (J).

Há "tipos" distintos de energia, como a energia potencial, associada com a posição que um corpo ocupa em determinado sistema, e a energia cinética, uma grandeza escalar associada à velocidade de um corpo (figura 6.2).

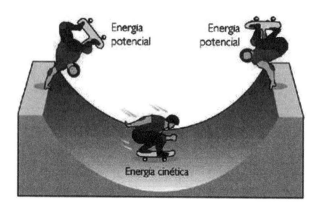

Figura 6.2. Ilustração de energia potencial e cinética.
Fonte: Internet Google Images.

Há, também, a energia nuclear ou atômica, liberada pela decomposição dos núcleos dos átomos. Além disso, há transformações que ocorrem com auxílio da energia eletromagnética (transformadores), de energia química (pilhas) etc.

Temos energias renováveis, como a energia eólica, a energia hídrica e a energia solar, e energias não renováveis, como o carvão, o gás natural, o petróleo e a energia nuclear.

7. Estrutura atômica, distribuição eletrônica, estabilidade dos átomos e íons

Toda matéria é formada por átomos. Nossa pele, os seres vivos, os minerais, a caneta, o papel, a água, o ar, os metais, os plásticos, enfim, tudo é feito de átomos.

Podemos pensar que o átomo tem duas "partes" principais: o núcleo e a eletrosfera. No núcleo, temos partículas positivas, chamadas prótons, e partículas sem cargas, chamadas nêutrons. Na eletrosfera, temos apenas partículas negativas, chamadas elétrons. Esse modelo está esquematizado na figura 7.1.

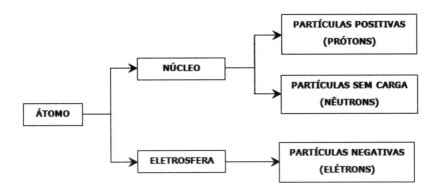

Figura 7.1. Esquema simplificado da estrutura do átomo.

A carga elétrica de um elétron é -1,6.10⁻¹⁹ C e a de um próton é +1,6.10⁻¹⁹ C. A letra C colocada ao lado dos valores significa "Coulomb", a unidade de medida de carga elétrica. Como em um átomo o número de elétrons é igual ao número de prótons, dizemos que o átomo é neutro.

Os elétrons da eletrosfera movem-se ao redor do núcleo em camadas ou órbitas, conforme mostrado na figura 7.2.

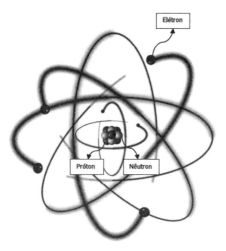

Figura 7.2. Átomo: eletrosfera (com elétrons em movimento) e núcleo (formado por prótons e nêutrons).

Os elétrons das camadas mais próximas do núcleo (camadas internas) são atraídos com maior intensidade pelos prótons do que os elétrons das camadas mais distantes (camadas externas). Por isso, se um elétron de uma camada externa receber energia suficiente, ele pode "escapar" da sua órbita e tornar-se um elétron livre.

Um átomo pode apresentar elétrons distribuídos em até 7 camadas, indicadas pelas letras K, L, M, N, O, P e Q. O número máximo de elétrons que cada uma dessas camadas pode conter está mostrado no quadro 7.1.

7. Estrutura atômica, distribuição eletrônica, estabilidade dos átomos e íons ◆ 25

Quadro 7.1. Número máximo de elétrons em cada camada.

K	L	M	N	O	P	Q
2 elétrons	8 elétrons	18 elétrons	32 elétrons	32 elétrons	18 elétrons	2 elétrons

Vejamos alguns exemplos de distribuições eletrônicas, ou seja, de distribuições de elétrons nas camadas da eletrosfera.

Hidrogênio (H)

O hidrogênio é simbolizado por H. Um átomo de H tem 1 próton e 1 elétron. Como a primeira camada K suporta até 2 elétrons, o único elétron do átomo de H está distribuído nessa camada, conforme mostrado no quadro 7.2.

Quadro 7.2. Distribuição eletrônica do H.

Hidrogênio (H)	K
Distribuição eletrônica	1 elétron

Hélio (He)

O hélio é simbolizado por He. Um átomo de He tem 2 prótons e 2 elétrons. Como a primeira camada K suporta até 2 elétrons, todos os elétrons do átomo de He estão distribuídos nessa camada, conforme mostrado no quadro 7.3.

Quadro 7.3. Distribuição eletrônica do He.

Hélio (He)	K
Distribuição eletrônica	2 elétrons

Sódio (Na)

O sódio é simbolizado por Na. Um átomo de Na tem 11 prótons e 11 elétrons, distribuídos conforme mostrado no quadro 7.4.

26 ◆ Explicando Física e Química

Quadro 7.4. Distribuição eletrônica do Na.

Na (Na)	K	L	M
Distribuição eletrônica	2 elétrons	8 elétrons	1 elétron

Vemos que a soma de 2 elétrons na camada K com 8 elétrons na camada L e com 1 elétron na camada M resulta nos 11 elétrons do átomo de Na.

Nessa configuração, as camadas K e L estão completas com o número máximo de elétrons que elas acomodam (2 e 8, respectivamente) e a camada M está apenas com 1 elétron. Isso terá impacto nas ligações químicas que o sódio tende a fazer, conforme veremos adiante: o Na ficará estável com a "doação" do único elétron da camada M.

Cloro (Cl)

O cloro é simbolizado por Cl. Um átomo de Cl tem 17 prótons e 17 elétrons, distribuídos conforme mostrado no quadro 7.5.

Quadro 7.5. Distribuição eletrônica do Cl.

Cloro (Cl)	K	L	M
Distribuição eletrônica	2 elétrons	8 elétrons	7 elétrons

Vemos que a soma de 2 elétrons na camada K com 8 elétrons na camada L e com 7 elétrons na camada M resulta nos 17 elétrons do átomo de Cl.

Nessa configuração, as camadas K e L estão completas com o número máximo de elétrons que elas acomodam (2 e 8, respectivamente) e a camada M está com 7 elétrons. Isso terá impacto nas ligações químicas que o cloro tende a fazer, conforme veremos adiante: o Cl ficará estável com a "recepção" de um elétron para a camada M.

Argônio (Ar)

O argônio é simbolizado por Ar. Um átomo de Ar tem 18 prótons e 18 elétrons, distribuídos conforme mostrado no quadro 7.6.

Quadro 7.6. Distribuição eletrônica do Ar.

Argônio (Ar)	K	L	M
Distribuição eletrônica	2 elétrons	8 elétrons	8 elétrons

Segundo a teoria do octeto, para atingir a estabilidade, o átomo precisa ficar com 8 elétrons na última camada. Alguns átomos, conhecidos como gases nobres, já têm "naturalmente" 8 elétrons na última camada. São eles: neônio (Ne), argônio (Ar), criptônio (Kr), xenônio (Xe), radônio (Rn) e ununóctio (Uuo). O hélio, que tem 2 elétrons na última camada, também é um gás nobre e estável.

Assim, para atingir a estabilidade com 8 elétrons na última camada, um átomo de sódio (Na) tem de "perder" o elétron da camada M (quadro 7.4). Perdendo esse elétron, ele fica com 11 prótons e 10 elétrons, deixando de ser um átomo neutro para tornar-se um íon positivo, chamado cátion e indicado por Na^+, com o número de cargas positivas (prótons) superando em uma unidade o número de cargas negativas (elétrons).

Analogamente, para atingir a estabilidade com 8 elétrons na última camada, um átomo de cloro (Cl) tem de "ganhar" um elétron da camada M (quadro 7.5). Ganhando esse elétron, ele fica com 17 prótons e 18 elétrons, deixando de ser um átomo neutro para tornar-se um íon negativo, chamado ânion e indicado por Cl^-, com o número de cargas negativas (elétrons) superando em uma unidade o número de cargas positivas (prótons).

No caso do hidrogênio, a estabilidade é atingida com 2 elétrons na última camada, tendo de "ganhar" um elétron da camada K (quadro 7.2). Ganhando esse elétron, ele fica com 1 próton e 2 elétrons, deixando de ser um átomo neutro para tornar-se ânion, indicado por H^-, com o número de cargas negativas (elétrons) superando em uma unidade o número de cargas positivas (prótons).

8. Ligações químicas

Como vimos no item anterior (estrutura atômica, distribuição eletrônica, estabilidade dos átomos e íons), segundo a teoria do octeto, para atingirem a estabilidade, em geral os átomos precisam ficar com 8 elétrons na última camada. Essa estabilidade é alcançada por meio das ligações químicas.

Os três tipos de ligações químicas "fortes" (primárias) são os seguintes:

- ligações metálicas;
- ligações covalentes e
- ligações iônicas.

Ligações metálicas

As ligações metálicas ocorrem entre átomos dispostos a doarem elétrons das suas camadas mais externas. Ocorre a formação de uma nuvem de elétrons ao redor dos átomos, que, com a doação de elétrons, transformam-se em íons positivos (cátions). Na nuvem eletrônica, os elétrons movem-se livremente e cada elétron pertence simultaneamente a muitos átomos (figura 8.1).

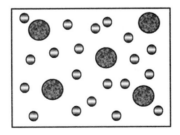

Figura 8.1. Ligação metálica: nuvem de elétrons (esferas menores) ao redor de "átomos" carregados positivamente (esferas maiores).

Se houver a aplicação de tensão elétrica e os átomos de metais unidos pela ligação metálica estiverem em um circuito fechado, o movimento de elétrons na nuvem eletrônica forma a corrente elétrica.

O fato de os elétrons estarem livres nas ligações metálicas faz com que, em geral, os metais sejam bons condutores de eletricidade e de calor, apresentem elevadas temperaturas de fusão e sejam dúcteis (podem ser alongados ou dobrados sem se romperem).

Ligações covalentes

As ligações covalentes ocorrem entre dois ou mais átomos que desejam receber elétrons, a fim de adquirirem estabilidade com oito elétrons na última camada. Para isso acontecer, os átomos que participam da ligação covalente compartilham pares de elétrons.

Vejamos um exemplo: cada átomo de cloro tem 7 elétrons na última camada, conforme mostrado no quadro 1.5. Se dois átomos de cloro compartilharem um par de elétrons, indicados pela elipse da figura 8.2, ambos ficam com 8 elétrons na última camada, formando a molécula de cloro ou Cl_2. Note que o par de elétrons pertence, por compartilhamento, a ambos os átomos de cloro.

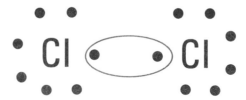

Figura 8.2. Molécula de Cl_2: a ligação covalente entre os dois átomos de cloro está indicada no compartilhamento de um par de elétrons.

8. Ligações químicas ♦ 31

Outro exemplo de ocorrência de ligação covalente é a molécula de água (H_2O): ela é formada por dois átomos de hidrogênio (H) e um átomo de oxigênio (O). Cada hidrogênio tem um elétron e precisa ficar com dois elétrons para estabilizar-se. O átomo de oxigênio tem seis elétrons na última camada e precisa ficar com oito elétrons para estabilizar-se. Esses três átomos adquirem estabilidade da seguinte maneira: cada hidrogênio compartilha um par de elétrons com o oxigênio, conforme esquematizado na figura 8.3.

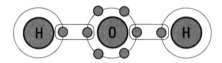

Figura 8.3. Molécula de H_2O: as ligações covalentes entre os átomos estão indicadas nos compartilhamentos dos pares de elétrons.

Na figura 8.4, temos uma imagem um pouco mais "real" da molécula de H_2O, mostrando o ângulo entre as ligações.

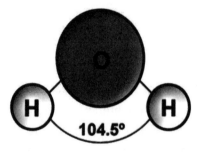

Figura 8.4. Molécula de H_2O: ângulo entre as ligações.

Conforme visto no caso da molécula da água, as ligações covalentes são direcionais, ou seja, os átomos ficam dispostos de modo a formar um ângulo fixo entre as ligações. Por isso, os materiais com ligações covalentes não são dúcteis.

Eles não apresentam boa condutividade elétrica, pois os elétrons que participam das ligações ficam presos nelas e não estão disponíveis para condução.

Se inserirmos pequenas quantidades de outros elementos, chamados dopantes, materiais com ligações covalentes podem tornar-se semicondutores, como os polímeros condutores usados em componentes eletrônicos leves e flexíveis.

Ligações iônicas

As ligações iônicas ocorrem entre um átomo que precisa receber elétrons para chegar à estabilidade e um átomo que precisa doar elétrons para chegar à estabilidade. Nesse tipo de ligação, os dois átomos adquirem carga elétrica, ou seja, tornam-se íons. O átomo que perde elétrons transforma-se em cátion e o que ganha elétrons transforma-se em ânion. A ligação iônica ocorre em virtude da atração existente entre cargas de sinais opostos, ou seja, entre o cátion e o ânion.

Um exemplo de ligação iônica está no sal de cozinha, chamado de cloreto de sódio (NaCl). Para atingir a estabilidade com 8 elétrons na última camada, o átomo de sódio (Na), precisa "perder" o elétron da sua última (quadro 7.4), tornando-se o cátion Na$^+$. Para atingir a estabilidade com 8 elétrons na última camada, o átomo de cloro (Cl), precisa "ganhar" um elétron (quadro 7.5), tornando-se o ânion Cl$^-$. Isso pode ser feito pela transferência de um elétron do sódio para o cloro, conforme esquematizado na figura 8.5.

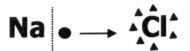

Figura 8.5. Ligação iônica: NaCl (sal de cozinha).

Na realidade, não temos apenas um íon Na⁺ e um íon Cl⁻ atraindo-se mutuamente, mas muitos íons, conforme mostrado na estrutura cristalina do composto iônico da figura 8.6.

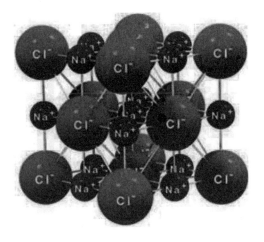

Figura 8.6. Composto iônico (NaCl).

Disponível em <http://www.chemistry.wustl.edu/~coursedev/Online%20tutorials/Solutions.htm>. Acesso em 7 ago. 2013.

9. Mol

As reações químicas envolvem um número inteiro de átomos dos reagentes, que são recombinados e geram novos compostos químicos, chamados de produtos. Tanto em reações químicas produzidas em laboratório quanto no dia a dia, geralmente usamos amostras macroscópicas, que contêm um número muito grande de átomos e moléculas.

Para lidar com esses números enormes de partículas, utilizamos uma unidade específica de medida, chamada de mol. Em outras palavras, quando falamos em mol, estamos falando em um número específico de matéria.

A introdução de uma "nova unidade" que identifica certo número de objetos está presente em várias situações cotidianas. Por exemplo, se falamos em um par de luvas, estamos falando em 2 luvas; se falamos em uma dúzia de ovos, estamos falando em 12 ovos; e se falamos em uma resma de folhas de papel, estamos falando em 500 folhas de papel. Nesses casos, temos como "novas unidades" medidas comuns: o par, a dúzia e a resma.

Na química, a unidade fundamental para designar a quantidade de átomos, partículas, moléculas ou íons é o mol, que equivale a $6{,}02 \times 10^{23}$. Por exemplo, se falamos em um mol de átomos de ferro, estamos falando em $6{,}02 \times 10^{23}$ átomos de ferro.

Na figura 9.1, encontramos uma ilustração das quantidades mencionadas.

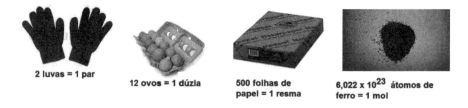

Figura 9.1. Medidas comuns e seus equivalentes em medida padrão.
Adaptado de Organic and Biological Chemistry, H. Stephen Stoker, Cengage Learning, 2012.

O número para indicar a quantidade de partículas por mol, conhecido apenas por "mol", é chamado de número de Avogadro, em homenagem ao cientista italiano Amedeo Avogadro (figura 9.2).

Figura 9.2. Amedeo Avogadro e o mol.

Pela figura 9.2, vemos que, escrevendo o número de Avogadro "por extenso", temos um valor extremamente grande.

Um mol de enxofre, por exemplo, contém o mesmo número de átomos que um mol de prata, o mesmo número de átomos que um mol de cálcio e o mesmo número de átomos que um mol de qualquer outro elemento.

Se temos uma dezena de bolas de gude e uma dezena de bolas de algodão, o número de bolas é o mesmo, mas os conjuntos de bolas não têm a mesma massa. Isso acontece também com os mols dos átomos. Para um mesmo número de átomos, temos massas diferentes, dependendo do elemento, conforme exemplificado na figura 9.3.

Figura 9.3. Massa em gramas de 1 mol de diferentes substâncias.
Adaptado de Organic and Biological Chemistry, H. Stephen Stoker, Cengage Learning, 2012.

Para qualquer elemento, um mol, com $6,022 \times 10^{23}$ átomos, corresponde a dada massa atômica. Vejamos os exemplos mostrados no quadro 9.1.

Quadro 9.1 Massas atômicas de alguns elementos.

Elemento	Símbolo	Número de átomos (um mol)	Massa (gramas)
Nitrogênio	N		14,01
Fósforo	P		15,49
Enxofre	S	$6,022 \times 10^{23}$	32,06
Cobre	Cu		63,55
Potássio	K		78,20
Mercúrio	Hg		200,59

Para que o conceito de mol seja aplicado, vejamos os exemplos que seguem.

38 ♦ Explicando Física e Química

Exemplo 9.1. Quantos mols de magnésio (Mg) estão contidos em 5 g deste metal?

A massa atômica do magnésio (24,31 g/mol) pode ser obtida na tabela periódica, conforme indicado na figura 9.4.

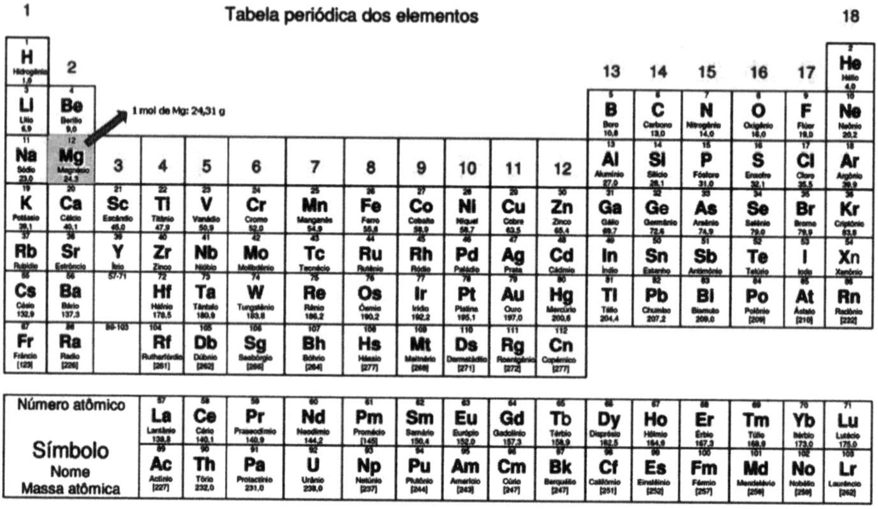

Figura 9.4. Tabela periódica da IUPAC, versão de 21 de janeiro de 2011.

IUPAC - International Union of Pure and Applied Chemistry (União Internacional de Química Pura e Aplicada).

Vemos que 1 mol de Mg equivale a 24,31 gramas de Mg, ou seja, para o Mg temos a seguinte relação: 24,31 g/mol, lida como 24,31 gramas por mol. Para calcularmos o número n de mols contidos em 5 g de Mg, podemos fazer a regra de três, indicada a seguir.

1 mol de Mg - **24,31** g de Mg
n mols de Mg - **5** g de Mg

Ou seja, multiplicando em cruz ficamos com:

$$n.24,31 = 1.5 \Rightarrow n = \frac{5}{24,31} \Rightarrow n = 0,206 mol\ de\ Mg$$

Verificamos que 0,206 mol de Mg equivale 5 g de Mg.

Exemplo 9.2. A quantos gramas de ferro (Fe) correspondem 20 mols desse metal, sabendo que sua massa atômica é 55,85 g/mol?

Um mol de Fe equivale a 55,85 gramas de Fe. Para calcularmos a massa, em gramas, contida em 20 mols de Fe, fazemos a regra de três, indicada a seguir.

1 mol de Fe - **55,85** g de Mg
20 mols de Mg - m g de Mg

Ou seja, multiplicando em cruz ficamos com:

$$n.55,85 = 1.25 \Rightarrow n = \frac{25}{55,85} \Rightarrow n = 0,448\ mol\ de\ Fe$$

Verificamos que 0,448 mol de Fe equivale 25 g de Fe.

Exemplo 9.3. A quantos gramas correspondem determinado número de mols de dado composto?

Quando pensamos em um composto, sabendo que um mol de qualquer composto tem $6,022 \times 10^{23}$ moléculas, sua massa molar será determinada pela soma das massas atômicas dos elementos que a compõem. Por exemplo, para calcularmos a massa molar do hidróxido de potássio (KOH), se somam as massas de 1 mol de K (potássio), 1 mol de O (oxigênio) e 1 mol de H (hidrogênio), conforme segue.

1 mol de K	=	39,10 g
+ 1 mol de O	=	16 g
+ 1 mol de H	=	1 g
		56,11 g

Para sabermos quantos mols há em 1 kg dessa substância, fazemos o cálculo a seguir.

$$1000g \ de \ KOH \ x \left(\frac{1\,mol}{56,11}\right) = 17,82 \ mols \ de \ hidróxido \ de \ potássio$$

Da mesma forma, para o fosfato de cobre II, $Cu_3(PO_4)_2$, temos o que segue

1 mol de Cu x 3	=	3 x 63,55	=	190,65 g
+ 1 mol de P x 2	=	2 x 30,97	=	61,04 g
+ 1 mol de O x 8	=	8 x 16	=	128 g
				379,69 g

Em 1 kg deste composto há:

$$1000g \ de \ Cu_3 \left(PO_4\right)_2 \ x \left(\frac{1\,mol}{379,69g}\right) = 2,63 \ mols \ de \ fosfato \ de \ cobre \ 11$$

10. Soluções e concentrações

Quando jogamos uma pitada de sal comum em um copo de água, observamos que, lentamente, o sal se dissolve até que não seja mais possível vê-lo em sua forma cristalina. O que aconteceu?

A resposta é simples. O sal é dissolvido em água, mas não desaparece: é formada uma solução de água e sal.

A solução é uma mistura homogênea de duas substâncias. Homogênea porque tem as mesmas características de temperatura, pressão e densidade em cada uma das suas partes.

A solução é composta pelo solvente e pelo soluto. Um método prático para identificar qual é o soluto e qual é o solvente é considerar o solvente como o componente em maior quantidade e o soluto como o componente em menor quantidade.

No nosso copo de água com sal, o soluto é o NaCl (cloreto de sódio ou sal), enquanto que a água é o solvente no qual o sal é dissolvido. A água é o solvente mais comum, mas, obviamente, não é o único. São solventes também a acetona, o etanol e muitos compostos derivados de benzeno.

O processo de união entre solvente e soluto é chamado de solvatação. No caso específico da água, esse processo é chamado de hidratação.

Quando falamos em soluções, pensamos quase sempre no estado líquido. Na verdade, as soluções não precisam ser apenas líquidas: há soluções gasosas, como o ar que respiramos, e sólidas, como algumas ligas metálicas.

Os solutos são dissolvidos porque o solvente é capaz de "vencer" as forças que mantêm seus componentes juntos. Na nossa solução aquosa, o sal iônico sólido (NaCl) dissolve-se facilmente e os íons de sódio (Na⁺) e de cloro (Cl⁻) são imediatamente "cercados" pelas moléculas de água (H_2O), formando a solução.

Há um limite a partir do qual o sal adicionado não se dissolve em água? Sim, isso ocorre quando a quantidade de soluto excede determinado valor, relacionado com o chamado de coeficiente de solubilidade.

O coeficiente de solubilidade de um soluto é a máxima massa, em gramas, que pode ser dissolvida em 100 g de solvente, a uma temperatura fixa. Quando a solução está saturada, parte do soluto não se dissolve no solvente e forma um precipitado, como mostrado na figura 10.1.

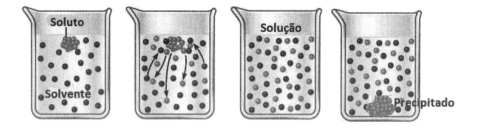

Figura 10.1. A formação de uma solução e de um precipitado.

Disponível em <http://www.citruscollege.edu/lc/archive/biology/Pages/Chapter04-Rabitoy.aspx>. Acesso em 11 jun. 2014.

Existem várias maneiras de definir a concentração das soluções, ou seja, a quantidade de soluto que elas contêm por gramas, por litros ou por mols, por exemplo. Duas das concentrações mais comuns são a concentração percentual em massa e a concentração em volume.

A concentração percentual em massa, indicada por %m/m, é a massa do soluto dividida pela massa da solução, sendo esse resultado multiplicado por 100 para termos o valor percentual, conforme indicado a seguir.

$$\%m/m = \frac{massa\ de\ soluto}{massa\ da\ solução}100\%$$

Na expressão anterior, a massa do soluto e a massa da solução devem ser expressas na mesma unidade de medida. Por exemplo, uma solução que contenha 350 gramas de soluto dissolvidos em 1,4 kg de solução (ou seja, 1400 gramas) tem concentração percentual em massa igual a 25%, pois

$$\%m/m = \frac{massa\ de\ soluto}{massa\ da\ solução}.100\% = \frac{350\ gramas}{1400\ gramas}.100\% = 25\%$$

A concentração em volume, indicada por m/V, é a massa do soluto dividida pelo volume da solução, conforme indicado a seguir.

$$m/V = \frac{massa\ de\ soluto}{massa\ da\ solução}$$

Por exemplo, uma solução que contenha 20 gramas de soluto dissolvidos em meio litro de solução (ou seja, 0,5 L) tem concentração em volume igual a 40 g/L, pois

$$m/V = \frac{massa\ de\ soluto}{massa\ da\ solução} = \frac{20\ gramas}{0,5\ litro} = 40g/L$$

11. Propriedades coligativas

A solução utilizada em radiadores de automóveis, constituída por um anticongelante e água, tem temperatura de congelamento mais baixa do que a da água pura. Um litro de água do mar, que é uma solução aquosa de sais (principalmente cloreto de sódio), entra em ebulição a uma temperatura mais elevada do que a da água pura.

Os exemplos anteriores indicam que a presença de um soluto não volátil dissolvido em um solvente modifica as propriedades da solução em relação ao solvente puro. Essas mudanças têm origem nas propriedades coligativas, que dependem apenas do número de partículas de soluto no solvente e não da sua natureza química e física.

As propriedades coligativas são propriedades das soluções e se relacionam com os fenômenos descritos a seguir.

1. Redução da pressão de vapor.

A pressão de vapor é a pressão exercida pelas moléculas que evaporam de um líquido contido em um recipiente fechado quando a taxa de evaporação e a taxa de condensação tornam-se iguais. A pressão de vapor de um líquido expressa a tendência de as suas moléculas passarem ao estado gasoso.

Se um soluto não volátil é dissolvido em um líquido, por exemplo na água, a tendência das moléculas de água em saírem da solução e passarem para o estado de vapor é reduzida, como mostra a figura 11.1. A pressão de vapor da solução é então menor do que a pressão do vapor da água pura: uma solução que contém um soluto não volátil apresenta sempre pressão de vapor mais baixa do que a do solvente puro.

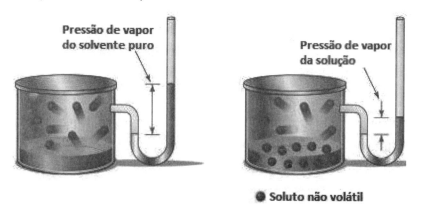

Figura 11.1. Pressão de vapor do líquido puro e da solução.
Disponível em <http://wps.prenhall.com/wps/media/objects/3312/3391718/blb1305.html>. Acesso em 31 mai. 2014.

2. Aumento do ponto de ebulição.

Um líquido entra em ebulição quando sua pressão de vapor iguala-se à pressão atmosférica. Quando um solvente puro é misturado a um soluto não volátil, há diminuição da pressão de vapor. Assim, para igualar a pressão de vapor da solução à pressão atmosférica, é necessário mais energia, ou seja, deve-se atingir uma temperatura maior para que ocorra a ebulição, como mostra o quadro 11.1.

3. Redução do ponto de congelamento.

Uma solução congela a uma temperatura mais baixa do que a do solvente puro. Isso também é uma consequência direta da redução da pressão de vapor da solução.

Simplificando, podemos dizer que, em solução, as moléculas do soluto interferem nas forças de atração entre as moléculas do solvente e impedem a solidificação das moléculas de solvente à sua temperatura normal de congelamento. Portanto, a temperatura de congelamento da solução é mais baixa do que a do solvente puro, como mostra o quadro 5.1.

Quadro 11.1. Temperaturas de ebulição e congelamento da água e de algumas soluções à pressão de 1 atm.

	Concentração (mol/L)	Temperatura de congelamento	Temperatura de ebulição
Água pura	-	0 ºC	100 ºC
Água + sacarose	0,1	- 0,19 ºC	100,05 ºC
Água + sacarose	0,5	- 1,0 ºC	100,25 ºC
Água + NaCl	0,1	- 0,35 ºC	100,1 ºC
Água + NaCl	0,5	- 1,72 ºC	100,5 ºC

4. Pressão osmótica.

Verificou-se experimentalmente que, colocando-se um solvente puro em contato com uma solução através de uma membrana, há passagem de moléculas do solvente, ou seja, ocorre deslocamento de moléculas do solvente.

Esse processo é chamado de osmose. Inicialmente, prevalece a movimentação do solvente puro para a solução. O solvente tende a diluir gradualmente a solução até que seja estabelecida uma concentração de equilíbrio e a difusão das moléculas de solvente fique igual em ambas as direções. No caso de soluções aquosas, o excesso de água cria pressão hidrostática, chamada de pressão osmótica, que se opõe à passagem adicional de solvente. Nessas condições, a difusão das moléculas de solvente é igual em ambos os sentidos.

12. Estequiometria

A estequiometria é a parte da química que estuda as relações entre as quantidades de substâncias envolvidas em uma reação química (reagentes e produtos).

Para que qualquer cálculo estequiométrico seja realizado, deve-se primeiro obter a equação química balanceada.

No caso mais simples, todos os reagentes e produtos estão expressos em mols. A equação balanceada é usada, por exemplo, para sabermos quantos mols de alumínio (Al) precisamos para produzir 15 mols de óxido de alumínio (Al_2O_3). Para isso, determinamos primeiramente os reagentes necessários para obter Al_2O_3, que são o Al e o O_2, conforme indicado na reação abaixo.

$$Al_{(s)} + O_2 \rightarrow Al_2O_{3(s)}$$

Devemos balancear a equação, garantindo que o número de átomos de cada elemento seja igual nos dois lados da equação:

$$4\,Al_{(s)} + 3\,O_{2(g)} \rightarrow 2\,Al_2O_{3(s)}$$

Em seguida, verificamos o balanceamento: de cada lado da seta há 4 átomos de Al e 6 átomos de O (ou 3 moléculas de O_2).

Com a equação balanceada, podemos entender a relação "mol-mol" entre produtos e reagentes (4 mols de Al reagem com 3 mols de O_2 para produzir 2 mols de Al_2O_3) e calcular as quantidades de alumínio e oxigênio necessárias para produzir 15 mols de óxido de alumínio, conforme esquema a seguir.

4 Al$_{(s)}$	+	**3 O$_{2(g)}$**	$\rightarrow$	**2 Al$_2$O$_{3(s)}$**
4 mols		3 mols		2 mols
nAl		nO$_2$		15 mols

Para o Al, temos o seguinte:

4 Al$_{(s)}$	**2 Al$_2$O$_{3(s)}$**
4 mols	2 mols
nAl	15 mols

$$15\, mols\, de\, Al_2O_{3(s)} x \left(\frac{4\, mols\, de\, Al_{(s)}}{2\, mols\, de\, Al_2O_{s(s)}} \right) = 30\, mols\, de\, Al_{(s)}$$

Para o O$_2$, temos o seguinte:

3 O$_{2(g)}$	**2 Al$_2$O$_{3(s)}$**
3 mols	2 mols
nO2	15 mols

$$15\, mols\, de\, Al_2O_{3(s)} x \left(\frac{3\, mols\, de\, Al_{(s)}}{2\, mols\, de\, Al_2O_{3(s)}} \right) = 22,5\, mols\, de\, O_{2(s)}$$

As quantidades a serem usadas para produzir 15 mols estão escritas nos coeficientes da equação balanceada apresentada a seguir.

30 Al$_{(s)}$	+	**22,5 O$_{2(g)}$**	$\rightarrow$	**15 Al$_2$O$_{3(s)}$**

13. Ácidos e bases

Ácidos e bases são substâncias conhecidas desde a Antiguidade. Químicos e médicos chegaram a pensar que todos os processos da vida eram gerados por reações entre ácidos e bases. Embora essa generalização não seja verdadeira, essas reações são importantes, já que muitas transformações bioquímicas podem ser modificadas com pequena alteração na concentração de substâncias ácidas.

Hoje, as reações "ácido-base" são bem conhecidas, assim como suas aplicações em diversos setores, como as indústrias do aço, de alimentos, do couro etc. Por isso, há interesse em estudarmos as propriedades características dos ácidos e bases e também sabermos o motivo de algumas substâncias apresentarem essas propriedades.

A classificação de substâncias como ácidos ou bases era feita pela observação de propriedades comuns de suas soluções aquosas. O gosto amargo de certas substâncias foi associado aos ácidos. As bases, chamadas de álcalis (do árabe para o kali, que significa planta cinza), devem seu nome ao carbonato de sódio obtido a partir de cinzas de certas plantas. Na figura 13.1, são mostrados alguns alimentos com características ácidas e básicas.

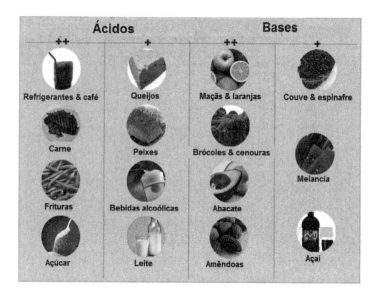

Figura 13.1. Alguns alimentos ácidos e básicos. Disponível em <http://drlindsey.com/balancing-the--body-to-boost-overall-wellness/>. Acesso em 15 dez. 2013 (com adaptações).

Em 1663, o cientista Boyle estabeleceu uma série de propriedades experimentais comuns a todos os ácidos. Mais tarde, isso também foi feito para as bases. No quadro 13.1, estão apresentadas as primeiras características observadas dos ácidos e das bases.

Quadro 13.1. Primeiras características observadas dos ácidos e das bases.

	Ácidos	Bases
Sabor	Ácido	Amargo
Sensação na pele	Picante	Suave ao tato
Reatividade	Corrosivos Dissolvem substâncias Atacam metais desprendendo hidrogênio Conduzem corrente elétrica em solução	Corrosivos Dissolvem gorduras animais, produzindo sabão Precipitam substâncias dissolvidas em ácidos Conduzem corrente elétrica em solução

Neutralização	Perdem suas propriedades ao reagirem com bases	Perdem suas propriedades ao reagirem com ácidos

O que determina o comportamento de um ácido ou de uma base? Quais são as características comuns de suas partículas que explicariam suas propriedades?

No final do século XIX, Arrhenius estudou a dissociação iônica de compostos inorgânicos dissolvidos em água. Ele verificou que há substâncias moleculares que, em solução, conduzem corrente elétrica e pensou que a razão fosse a formação de íons. Arrhenius concluiu que as propriedades características das soluções aquosas dos ácidos eram devidas aos íons de hidrogênio, H^+, enquanto que as propriedades típicas de bases aos íons de hidróxido (OH^-), e propôs as definições apresentadas no quadro 13.2.

Quadro 13.2. Definição de ácidos e bases, segundo Arrhenius.

Ácidos	Bases
São substâncias que, em solução aquosa, sofrem dissociação e produzem íons H^+	São substâncias que, em solução aquosa, sofrem dissociação e produzem íons OH^-

Com a teoria de Arrhenius, é fácil entender as propriedades características de ácidos e bases e sua capacidade de se neutralizarem (reação de neutralização). O processo resulta no desaparecimento dos íons característicos, H^+ e OH^-, que se combinam e formam moléculas de água (H_2O).

Por exemplo, quando uma solução aquosa de ácido clorídrico (HCl), ou seja, íons H^+ e Cl^-, é misturada com hidróxido de sódio (NaOH), ou seja, íons Na^+ e OH^-, a reação de neutralização pode ser escrita como:

$$Cl^-_{(aq)} + H^+_{(aq)} + Na^+_{(aq)} + OH^-_{(aq)} \rightarrow H_2O + Cl^-_{(aq)} + Na^+_{(aq)}$$

Os íons $Cl^-_{(aq)}$ e $Na^+_{(aq)}$ permanecem virtualmente inalterados e são os mesmos obtidos quando o cloreto de sódio (NaCl) é dissolvido em água. Por essa razão, na neutralização de um ácido e uma base são obtidos um sal (NaCl) e água (H_2O).

A teoria de Arrhenius é válida somente para soluções aquosas e não pode ser usada para outros solventes. As bases devem ter OH^- na sua composição e os ácidos devem ter H^+ na sua composição. Como o H^+ tem raio muito pequeno (10^{-13} cm) e não existe como tal em soluções aquosas, mas como H_3O^+, a dissociação dos ácidos passou a ser representada por:

$$HA + H_2O \rightarrow H_3O^+ + A^-_{(aq)}$$

Essa dissociação é interpretada como a transferência de um próton do ácido para a solução. Em 1923, Brönsted e Lowry formularam uma nova definição para ácidos e bases (quadro 13.3), mais geral do que a de Arrhenius e válida para solventes não aquosos.

Quadro 13.3. Definição de ácidos e bases, segundo Brönsted e Lowry.

Ácidos	Bases
São substâncias capazes de ceder prótons	São substâncias capazes de aceitar prótons

Essa teoria compreende praticamente todas as substâncias que se comportam como bases, mas ainda limita o conceito de ácido às substâncias que contêm hidrogênio. Porém, existem muitas substâncias que não contêm hidrogênio, mas são capazes de ceder prótons, comportando-se experimentalmente como ácidos: SO_3, SO_2, CO_2, $AlCl_3$ etc.

Atualmente, utilizamos a definição de Lewis, segundo a qual a base é um doador de elétrons e o ácido um receptor de elétrons (quadro 13.4). Essa teoria abrange todos os tipos de ácidos e bases.

Quadro 13.4. Definição de ácidos e bases, segundo Lewis.

Ácidos	Bases
São substâncias capazes de aceitar elétrons	São substâncias capazes de ceder elétrons

14. pH

Em vez de usarmos as concentrações de OH⁻ e H₃O⁺ para estabelecermos quantitativamente o quão básica ou ácida é uma solução, é mais cômodo usarmos seu logaritmo (com sinal negativo), para obtermos o pH ou o pOH, lidos em uma escala que vai de 0 a 14, conforme esquematizado na figura 14.1.

$pH = -\log[H_3O^+]$ $\qquad\qquad\qquad\qquad$ $pOH = -\log[OH^-]$

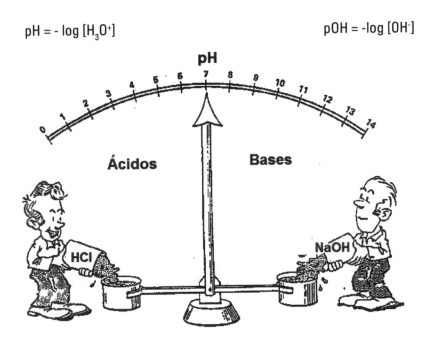

Figura 14.1. A escala de pH. Disponível em <http://nutritionalmuscletesting.com/index.php?p=2_87>. Acesso em 22 mai. 2014.

O conceito de pH foi proposto em 1909 por Sörensen, que era encarregado dos laboratórios da cerveja Carlsberg e estudava o efeito da acidez nas enzimas que fermentam a cerveja. Apesar das muitas interpretações do significado da letra p em pH, como potência do hidrogênio ou potencial químico, o que se sabe é que Sörensen usou as letras p e q nas equações que definem o pH, mas não lhes deu nenhum significado especial, utilizando sempre pH e não ph ou PH.

O pH é medido com instrumentos chamados de "pHmetros", com indicadores e, de forma mais simples porém menos precisa, com papel de pH. Esse papel adquire uma cor característica de acordo com a acidez da solução, conforme mostrado na figura 14.2.

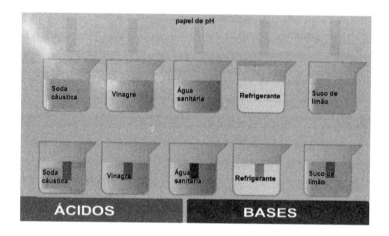

Figura 14.2. Coloração do papel de pH em diversas soluções. Disponível em <http://www.iesaguilarycano.com/dpto/fyq/pH1.html>. Acesso em 25 mai. 2014 (com adaptações).

15. Química Orgânica

O nome "química orgânica" faz pensar em um ramo da química que estuda os compostos presentes em organismos vivos: a origem da química orgânica foi de fato relacionada apenas às substâncias isoladas a partir desses organismos.

Ao longo dos anos, observou-se que muitos dos compostos presentes no mundo vegetal e animal são constituídos, na maioria dos casos, sempre dos mesmos elementos: carbono, hidrogênio, oxigênio, nitrogênio e alguns outros. O carbono está sempre presente, o que levou ao fato de considerarmos a química orgânica como a química que estuda o carbono e seus compostos. Hoje, a química orgânica inclui o estudo não apenas de compostos naturais, mas também dos compostos produzidos por síntese ou preparados no laboratório.

A química orgânica faz parte do cotidiano de todos nós. Os principais componentes da matéria viva - proteínas, carboidratos e lipídios (gorduras) - são compostos orgânicos. Outras substâncias orgânicas com as quais temos de lidar todos os dias são a gasolina, o óleo, o papel, os medicamentos, os recipientes plásticos, os perfumes e muitos outros. Assim, é fácil perceber o quão importante é o estudo dos compostos orgânicos, classificados em funções químicas como hidrocarbonetos, aldeídos e cetonas, éteres e ésteres, aminas e amidas e alcoóis. Essas funções químicas estão detalhadas a seguir.

60 ♦ Explicando Física e Química

1. Hidrocarbonetos

Os hidrocarbonetos constituem uma grande classe de compostos orgânicos que contém apenas átomos de carbono (C) e de hidrogênio (H) em sua composição.

Existem várias classes de compostos orgânicos derivadas dos hidrocarbonetos por meio da substituição de um ou mais átomos de hidrogênio por outros elementos ou grupos de elementos.

Os hidrocarbonetos são divididos em dois grandes grupos: hidrocarbonetos alifáticos e hidrocarbonetos aromáticos. Os hidrocarbonetos alifáticos incluem todos os compostos que não contêm anéis de benzeno na sua molécula e podem ter cadeia aberta ou fechada, como mostra a figura 15.1.

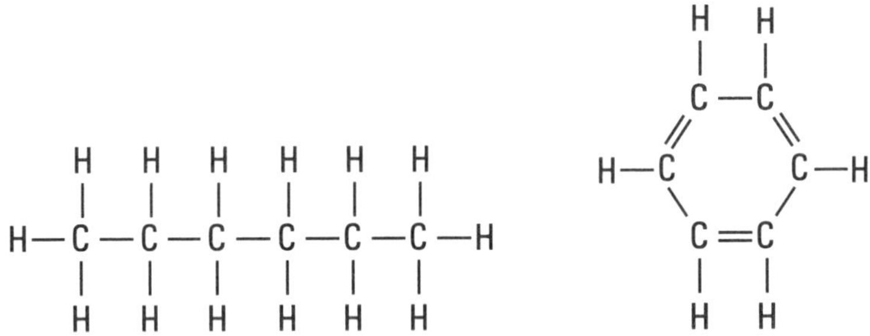

Cadeia carbônica aberta   Cadeia carbônica fechada

Figura 15.1. Exemplos de hidrocarbonetos alifáticos com cadeia aberta e fechada.

Nos hidrocarbonetos de cadeia aberta, os átomos de carbono estão ligados entre si em cadeias lineares ou ramificadas; nas cadeias fechadas os átomos formam um loop. Os hidrocarbonetos são também diferenciados em saturados ou insaturados, dependendo do fato de apresentarem apenas ligações simples ou ligações duplas ou triplas, como mostra a figura 15.2.

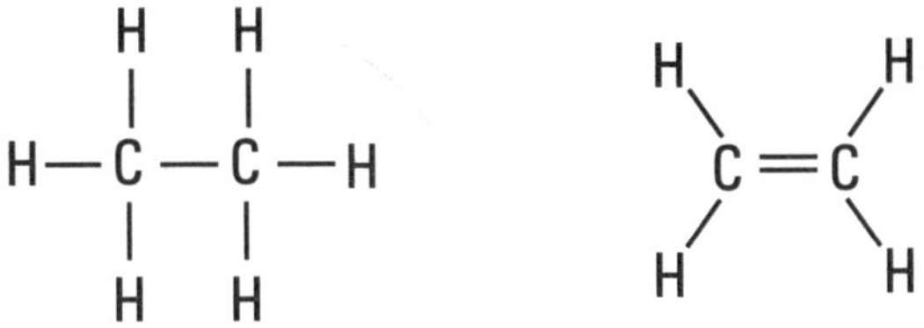

Figura 15.2. Exemplos de hidrocarbonetos alifáticos saturados e insaturados.

Uma propriedade comum dos hidrocarbonetos é a de serem insolúveis em solventes polares (como a água) e serem muito solúveis em solventes apolares (como o éter e o tetracloreto de carbono). Seu ponto de ebulição aumenta à medida que o número de átomos de carbono e o grau de ramificação aumentam.

À temperatura ambiente, hidrocarbonetos contendo até três ou quatro átomos de carbono são gases, os que têm até quinze ou dezesseis átomos de carbono são líquidos e os que têm um número maior de átomos de carbono são sólidos.

As principais fontes de hidrocarbonetos são o carvão, o gás natural (que contém cerca de 99 % de metano) e, especialmente, o petróleo.

2. Aldeídos e cetonas

Os aldeídos e as cetonas são compostos caracterizados pela presença do grupo funcional carbonila ($C=O$).

Nos aldeídos, a carbonila está ligada a um átomo de hidrogênio e a um átomo de carbono. Nas cetonas, a carbonila está ligada a dois átomos de carbono (figura 15.3).

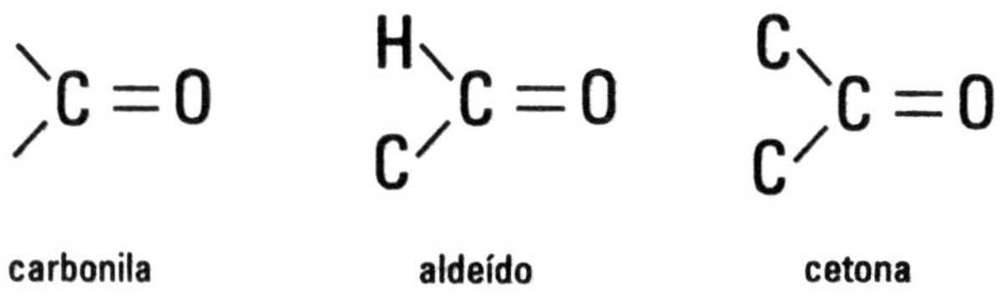

62 ♦ Explicando Física e Química

$$\text{C} = \text{O} \qquad \text{H}{\scriptstyle\searrow}\text{C} = \text{O} \qquad \text{C}{\scriptstyle\searrow}\text{C} = \text{O}$$

carbonila   aldeído   cetona

Figura 15.3. Grupo carbonila, aldeídos e cetonas.

Os dois aldeídos alifáticos mais comuns são o metanal (formaldeído ou formol) e etanal (acetaldeído). O metanal é um gás de odor forte, utilizado como germicida e desinfetante. Uma aplicação bastante conhecida é a embalsamação e a conservação de cadáveres e peças anatômicas. O etanal é utilizado como reagente na preparação de ácido acético, de resinas fenólicas e da ureia.

As cetonas são compostos muito importantes do ponto de vista industrial. A cetona mais comum é a propanona, conhecida comercialmente como acetona. Trata-se de um líquido incolor, inflamável, solúvel em água e que evapora com facilidade. A acetona é muito usada como solvente de esmaltes, graxas, vernizes e resinas, e também é utilizada na extração de óleos de sementes vegetais e na fabricação de anidrido acético e de medicamentos.

3. Éteres e ésteres

Os ésteres são compostos orgânicos derivados de ácidos carboxílicos e que têm a estrutura geral mostrada na figura 15.4. Nessa figura, vemos que o radical $O\text{-}CH_3$ liga-se ao ácido carboxílico para formar o acetato de metila.

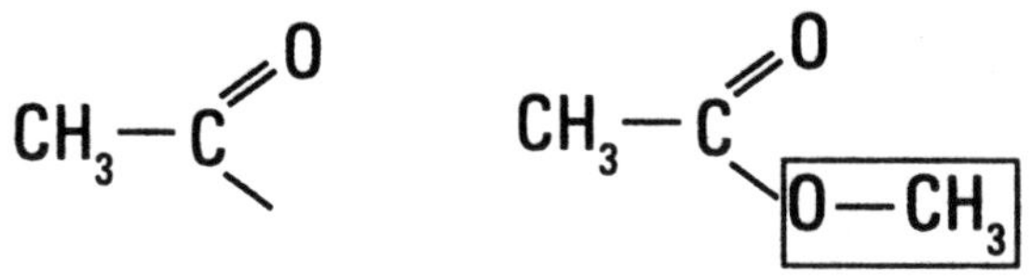

15. Química Orgânica ♦ 63

$$CH_3-C{\overset{\displaystyle O}{\diagdown}}\qquad CH_3-C{\overset{\displaystyle O}{\boxed{O-CH_3}}}$$

grupo carboxílico   acetato de metila

Figura 15.4. Grupo carboxílico e acetato de metila.

Os ésteres são substâncias com cheiro agradável e responsáveis pelo sabor e aroma de muitas frutas e flores. Por isso, são muito usados na produção de flavorizantes para a fabricação de refrescos, doces, pastilhas, xaropes, balas etc. Além disso, os ésteres têm aplicação na produção de sabões, medicamentos, perfumes, cosméticos e biocombustíveis.

Diferente dos ésteres, os éteres têm suas estruturas caracterizadas pela presença de um átomo de oxigênio ligado a dois de carbono, como mostra a figura 15.5.

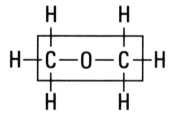

Eter metílico

Figura 15.5. A estrutura do éter metílico.

Extremamente voláteis, os éteres são empregados na medicina e na indústria, sobretudo como solventes, e também na produção de seda artificial e da pólvora sem fumaça. São anestésicos os éteres etílicos, metilpropílico e vinílico, assim como os éteres ciclopropílicos. Além da ação anestésica local, o guaiacol e o eugenol são antissépticos e a vanilina é largamente usada como essência.

4. Aminas e amidas

As aminas e as amidas têm em comum a presença de átomos de nitrogênio em suas moléculas. Porém as ligações químicas e as propriedades desses dois grupos de compostos são diferentes.

As aminas podem ser consideradas como derivados orgânicos do amoníaco, em que um, dois ou todos os três átomos de hidrogênio são substituídos por cadeias de carbono. De acordo com o número de átomos de hidrogênio substituídos, as aminas podem ser classificadas em aminas primárias, secundárias e terciárias, como mostra a figura 15.6.

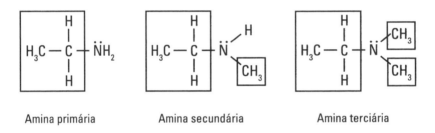

Figura 15.6. Aminas terciárias, secundárias primárias.

Entre as aminas mais conhecidas estão as anfetaminas, a cafeína e a cocaína, todas elas aminas estimulantes. As anfetaminas, em contato com nosso organismo, elevam o ânimo, aumentando a atividade do sistema nervoso, causam diminuição da sensação de fadiga e são usadas para reduzir o apetite. A cafeína está presente em bebidas como o café, o guaraná e em alguns refrigerantes. É também estimulante e pode causar dependência quando usada em grandes quantidades. Já a cocaína provoca aumento da atividade motora, causa euforia e loquacidade, sensações seguidas de intensa depressão e dependência. Essa substância é considerada uma droga em face do grande poder estimulante e pode levar à morte por overdose.

As amidas são compostos derivados de ácidos carboxílicos, como os ésteres e têm estrutura geral como a mostrada na figura 15.7.

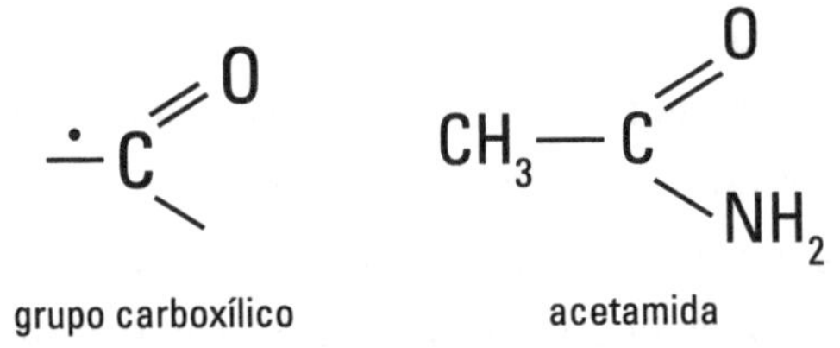

grupo carboxílico   acetamida

Figura 15.7. Estrutura geral de amidas.

As amidas são usadas em reações de síntese realizadas em laboratório e como intermediárias industriais na preparação de medicamentos e polímeros. Uma poliamida muito importante entre os polímeros é o nylon. Uma amida muito conhecida é a ureia, produzida pelo metabolismo dos animais e eliminada pela urina.

5. Alcoóis

Os alcoóis são compostos orgânicos derivados de um alcano por substituição de um átomo de hidrogênio com um grupo hidroxilo (-OH), como mostra a figura 15.8.

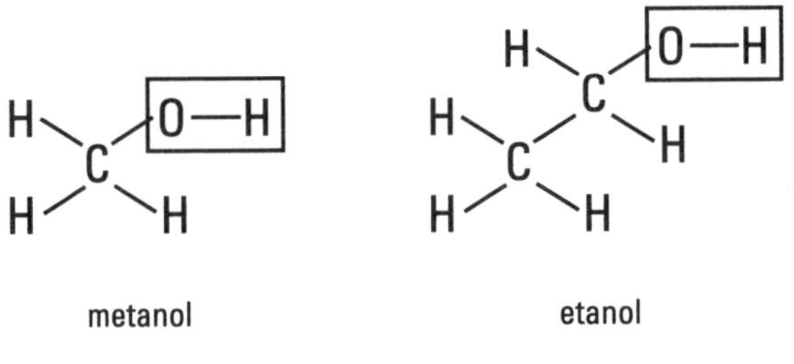

metanol   etanol

Figura 15.8. Estruturas do metanol e do etanol.

Os alcoóis de cadeia longa são sólidos e os de cadeia curta são líquidos e solúveis em água. Os alcoóis mais importantes são o metanol e etanol. O metanol, ou álcool metílico, é um líquido incolor, que entra em ebulição a 67 °C. Esse álcool é usado como solvente e como combustível e, também, na produção de soluções anticongelantes e de plásticos. É uma substância muito perigosa porque os seus vapores podem causar cegueira. O etanol é, também, um líquido incolor, que entra em ebulição a 78 °C. Pode ser obtido pela fermentação de açúcares (por exemplo, cana de açúcar) e amidos (por exemplo, batata e mandioca). Esse álcool é usado como antisséptico, como um dos solventes mais comuns em muitos processos industriais e como um reagente importante para a síntese de compostos orgânicos. O álcool etílico está presente em bebidas (vinho, licor e cerveja) e, se consumido excessivamente, pode causar alcoolismo e danos ao fígado e ao sistema nervoso.

A produção mundial de álcool já se aproxima dos 40 bilhões de litros e estima-se que 25 bilhões de litros são utilizados para fins energéticos (álcool combustível). O Brasil é responsável por 15 bilhões de litros desse total. O uso exclusivo de álcool como combustível acontece principalmente no Brasil. Porém, o álcool é misturado com gasolina no Brasil, EUA, União Europeia, México, Índia, Argentina, Colômbia e no Japão.

16. Clorofluorcarbonos (CFCs)

Os clorofluorcarbonos (CFCs) são compostos químicos formados por carbono (C), flúor (F) e cloro (Cl). Alguns exemplos de CFCs são o CFC-11 ($CFCl_3$), o CFC-12 (CF_2Cl_3), o CFC-113 ($C_2F_3Cl_3$), o CFC-114 ($C_2F_4Cl_3$) e o CFC-115 (C_2F_5Cl).

Os CFCs já foram muito usados em aerossóis, como propelentes em extintores de incêndio e como gases refrigerantes, sendo o freon um dos mais conhecidos.

No entanto, os CFCs tiveram sua utilização proibida em diversos países em virtude dos danos que eles causam na camada de ozônio (O_3) quando atingem a estratosfera (alta atmosfera). Vamos ver como isso acontece.

O gás ozônio presente na estratosfera bloqueia boa parte da radiação ultravioleta (UV) vinda do sol. Se os CFCs atingem a estratosfera, eles "quebram" do ozônio (O_3), gerando o oxigênio molecular (O_2). Como o O_2 não é capaz de bloquear a radiação UV, essa radiação que era bloqueada pelo ozônio chega à superfície terrestre e causa danos, como o aumento de casos de câncer de pele e impactos ambientais negativos.

Pensando em soluções para que a camada de ozônio seja restaurada, líderes mundiais assinaram o Protocolo de Montreal, que entrou em vigor em 1989 (revisto em 1990, 1994, 1996, 1998 e 2000). Cerca de 150 países signatários desse tratado comprometeram-se a substituir substâncias que empobrecem a camada de ozônio, como os CFCs.

Em 1989, o prêmio Nobel da Paz de 2001, Kofi Annian (figura 16.1), que, na ocasião, ocupava o cargo de secretário geral da Organização das Nações Unidas (ONU), chegou a declarar que o Protocolo de Montreal "talvez seja o mais bem sucedido acordo internacional de todos os tempos".

Figura 16.1. Kofi Annian, prêmio Nobel da Paz em 2001 e secretário geral da ONU de 1997 a 2007. Disponível em <http://www.theozonehole.com/montreal.htm>. Acesso em 13 ago. 2012.

Observações.

1. Devemos destacar que, na baixa atmosfera, os CFCs são inertes e apresentam baixa toxicidade.

2. O mecanismo da ação dos CFCs sobre o ozônio da estratosfera pode ser resumido conforme segue: o cloro (Cl) dos CFCs reage com o ozô-

nio (O_3), produzindo monóxido de cloro (ClO) e oxigênio (O_2). O ClO produzido também reage com o O_3, gerando mais Cl e O_2. Esse "último" Cl produzido realimenta o processo, conforme mostrado nas reações químicas da figura 16.2.

$$Cl(g) + O_3(g) \rightarrow ClO(g) + O_2(g)$$
$$\frac{ClO(g) + O_3(g) \rightarrow Cl(g) + 2O_2(g)}{2O_3 \rightarrow 3O_2}$$

Figura 16.2. Reações químicas de quebra do ozônio pelos CFCs.

17. Polímeros

A palavra polímero vem dos termos gregos poly e mers ("muitas partes") e é usada para identificar moléculas grandes, ou macromoléculas, formadas pela união de muitas moléculas pequenas, chamadas de monômeros, que geram cadeias longas e de diversas formas. Alguns polímeros lembram o aspecto de um macarrão, outros têm ramificações, outros ainda se assemelham a escadas ou formam redes tridimensionais, conforme mostra a figura 17.1.

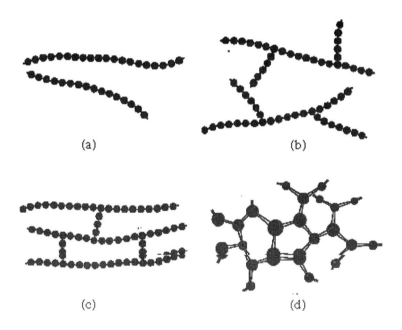

Figura 17.1. Ilustração esquemática de cadeias poliméricas (a) linear, (b) ramificada, (c) cruzada e (d) rede tridimensional. Disponível em <http://neon.mems.cmu.edu/cramb/27-100/lab/S00_lab2/lab2.html>. Acesso em 26 out. 2013.

No passado, os polímeros eram obtidos a partir de materiais naturais provenientes de animais e plantas. Desde o princípio do século XX, eles são obtidos de derivados do petróleo, o que permitiu a prática de preços mais competitivos e a ampliação nas suas propriedades.

Os polímeros podem ser de três tipos: naturais, artificiais ou sintéticos, conforme descrito a seguir.

Polímeros naturais

Algodão/celulose

Os polímeros naturais vêm diretamente do reino vegetal ou do reino animal. Exemplos: celulose, amido, proteína, borracha natural e ácidos nucleicos.

Polímeros artificiais

Borracha vulcanizada

Os polímeros artificiais são resultantes de modificações, por meio de processos químicos, de alguns polímeros naturais. Exemplos: nitrocelulose e borracha vulcanizada.

Polímeros sintéticos

PVC

Os polímeros sintéticos são obtidos por processos de polimerização, controlados pelo homem, de matérias-primas de baixo peso molecular. Exemplos: nylon, polietileno e cloreto de polivinila.

Há dois tipos de polimerização: a condensação e a adição. Nas polimerizações por adição, todos os átomos de monômeros tornam-se partes do polímero. Nas reações de condensação alguns dos átomos do monômero são liberados, como H_2O, CO_2, ROH etc. Na figura 17.2, temos exemplos desses dois tipos de reações de polimerização.

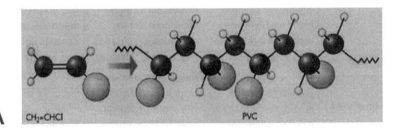

Figura 17.2. Polimerização por adição (A) e por condensação (B). Disponível em <http://e-ducativa.catedu.es/44700165/aula/archivos/repositorio/1000/1094/html/1_polmeros.html>. Acesso em 11 jun. de 2014.

De acordo com suas propriedades físicas, podemos classificar os polímeros em termoplásticos, termofixos e elastômeros, cujas características principais estão descritas no quadro 17.1

74 ♦ Explicando Física e Química

Quadro 17.1. Tipos, características e propriedades dos polímeros.

	Termoplásticos	Termofixos	Elastômeros
Propriedades	Amolecem se aquecidos e podem ser moldados e resfriados com a forma desejada. O ciclo de aquecimento, conformação e resfriamento pode ser repetido inúmeras vezes, o que permite sua reutilização.	Amolecem se aquecidos e podem ser moldados e resfriados com a forma desejada. Nesse processo, ocorre uma reação química que impossibilita um novo ciclo de aquecimento, conformação e resfriamento e impede posteriores deformações do polímero sob aquecimento.	São elásticos e se deformam se submetidos a qualquer esforço, mas recuperam suas dimensões originais assim que o esforço cessa. Têm alta aderência e baixa dureza.
Estrutura	Cadeias lineares 	Cadeias ramificadas 	Cadeias cruzadas
Exemplos	Náilon, policarbonato e poliestireno.	Baquelite e poliéster.	Borracha, neopreno e silicone.
Aplicação			

18. Estrutura cristalina

Os materiais sólidos podem ser classificados em sólidos amorfos e sólidos cristalinos.

Os sólidos amorfos, como o vidro e a cera, não apresentam estruturas ordenadas e não formam redes cristalinas, pois os elementos que os constituem não ocupam posições determinadas. Já nos sólidos cristalinos, os átomos, os íons ou as moléculas que os constituem arranjam-se seguindo posições predeterminadas e formando cristais, ou estruturas cristalinas.

Os sólidos cristalinos tendem a adotar estruturas internas geométricas que seguem linhas retas e planos paralelos, mesmo que seu aspecto externo não seja regular. Eles podem ser classificados em cristais iônicos, covalentes, moleculares e metálicos, conforme caracterizado no quadro 18.1.

Quadro 18.1. Tipos, características e propriedades dos sólidos cristalinos.

	Características	Propriedades	Exemplos
Cristais iônicos	São formados por íons de diferentes tamanhos, as forças de coesão são devidas a ligações iônicas e a energia de ligação está em torno de 100 kJ/mol.	Duros e frágeis. Apresentam elevado ponto de fusão e são bons condutores de calor e de eletricidade em estado líquido.	NaCl

	As forças de coesão são devidas a ligações covalentes e a energia de ligação está entre 100 e 1000 kJ/mol.	Duros e incompressíveis. São maus condutores de calor e eletricidade.	Diamante
Cristais covalentes	As forças de coesão são devidas a ligações covalentes e a energia de ligação está entre 100 e 1000 kJ/mol.	Duros e incompressíveis. São maus condutores de calor e eletricidade.	Diamante
Cristais moleculares	Constituídos por moléculas. As forças de coesão são devidas a pontes de hidrogênio e a forças de Van der Waals, de baixa intensidade. A energia de ligação está em torno de 1 kJ/mol.	Macios, compressíveis e deformáveis. Apresentam baixo ponto de fusão e são maus condutores de calor e eletricidade.	SO_2
Cristais metálicos	São formados pelos átomos do metal, os elétrons estão deslocalizados e movem-se por todo o cristal.	Apresentam boa resistência mecânica e são bons condutores de calor e eletricidade.	Lítio

As redes cristalinas caracterizam-se pela ordem e pela periodicidade. A estrutura interna dos cristais pode ser representada por uma "célula elementar", o menor conjunto de átomos que mantém a mesma forma geométrica da rede e que, ao expandir-se em todas as direções do espaço, gera a rede cristalina. A célula elementar é caracterizada pelo comprimento das arestas e pelos ângulos entre elas.

Auguste Bravais foi o primeiro a propor a ideia de estrutura reticular para os minerais, no século XIX. Hoje, são descritas 14 redes cristalinas (figura 18.1), chamadas redes de Bravais, das quais quatro são associadas a metais.

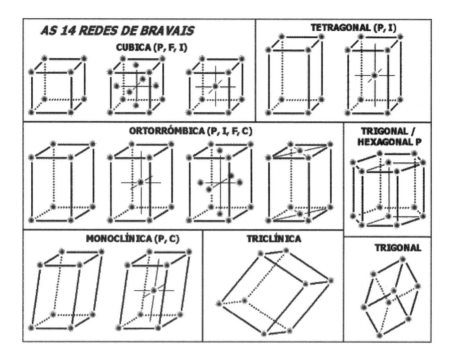

Figura 18.1. As 14 redes cristalinas de Bravais. Disponível em <http://upload.wikimedia.org/wikipedia/commons/f/f4/Redes_de_Bravais.png>. Acesso em 26 out. 2013.

Os átomos dos elementos que formam o cristal são organizados ocupando os vértices, arestas ou faces de uma forma geométrica e formam uma rede cristalina.

Para um cristal crescer bem, algumas condições são necessárias. Essas condições referem-se ao tempo, ao espaço e ao repouso do cristal, conforme descrito a seguir.

Em relação ao tempo, se a formação de ligações ocorre rapidamente, os átomos e íons que formam o cristal não conseguem ser dispostos ordenadamente.

Em relação ao espaço, para um cristal desenvolver-se é necessário espaço para seu crescimento. Se existem limitações de espaço devido ao crescimento simultâneo de cristais próximos, eles não podem adquirir suas formas geométricas típicas.

Em relação ao repouso, um ambiente de turbulência dificulta o processo de crescimento de cristais.

19. Nanomateriais

Para falar sobre a nanotecnologia, primeiramente devemos saber o que é um nanômetro.

O prefixo nano significa 10^{-9}, ou seja, um bilionésimo (0,000000001).

Assim, um nanômetro (nm) é um bilionésimo de um metro. Um nanômetro é dezenas de milhares de vezes menor do que o diâmetro de um fio de cabelo humano. A figura 19.1 fornece uma ideia dessas proporções e desses tamanhos.

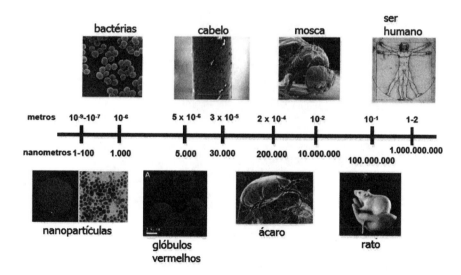

Figura 19.1. Uma ideia de proporções e tamanhos. Disponível em <http://www.unirioja.es/divulgacion/presentaciones/nanomateriales.pdf>. Acesso em 10 jan. 2014.

Para que servem esses materiais em nano escala?

Pode-se dizer que, em geral, os materiais nanoestruturados melhoram a eficiência de certos sistemas, além de permitirem sua miniaturização.

Na figura 19.2, temos um esquema que mostra algumas aplicações dos nanomateriais.

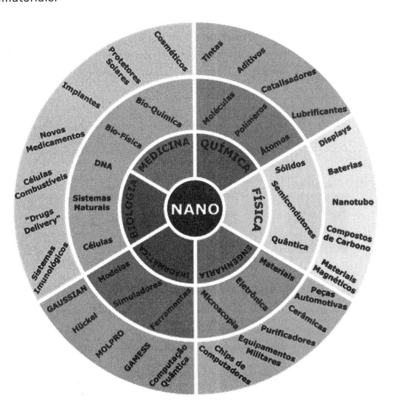

Figura 19.2. Aplicações de nanomateriais. Disponível em <http://inovabrasil.blogspot.com.br/2007/08/desafios-dos-nanomateriais.html>. Acesso em 13 jan. 2014.

Com micro e nanotecnologias podem ser criados sistemas de diagnóstico miniaturizados para a detecção precoce de doenças. Estão sendo desenvolvidos novos nanorevestimentos que podem melhorar a biocompatibilidade dos implantes. Também há pesquisas sobre sistemas de entrega alvo de medicamentos e de introdução de nanopartículas em células tumorais para o tratamento localizado.

A nanotecnologia também pode contribuir para a produção e o armazenamento de energia, com novos catalisadores nanoestruturados desenvolvidos para células combustíveis e células solares de maior eficiência e menor custo.

O desenvolvimento de métodos de recuperação de efluentes líquidos baseados no uso da nanotecnologia irá diminuir a poluição com o desenvolvimento de instrumentos para detectar e neutralizar a presença de microrganismos ou pesticidas. Técnicas de nano marcação com miniaturizados poderão traçar a origem dos alimentos.

Nanopartículas já são usadas para reforçar materiais ou para otimizar a função de cosméticos. Superfícies nanoestruturadas são utilizadas para obter materiais mais resistentes, repelentes a água ou autolimpantes. Isso pode melhorar significativamente o desempenho de materiais em condições extremas, especialmente nas indústrias aeronáuticas e espaciais.

Já se comercializam produtos desenvolvidos com nanotecnologia, como produtos médicos (ligaduras, válvulas cardíacas etc), componentes eletrônicos, tintas resistentes a riscos, equipamentos desportivos, tecidos resistentes a rugas e manchas e protetores solares (figura 19.4).

Figura 19.4. Aplicações de nanomateriais. (A) Vidros podem usar nanopartículas para autolimpeza. Cristais em escala nano preenchem as irregularidades do vidro, deixando-o liso. As partículas de pó e sujeira não conseguem aderir ao vidro. (B) Os princípios ativos dos cosméticos são transformados em nanopartículas, facilitando seu caminho através das camadas da pele. (C) Tecido com nanopartículas de prata, que inibe a proliferação de bactérias associadas ao odor do suor.

À medida que o conhecimento em nanociências se desenvolve, suas múltiplas possibilidades de aplicação estimulam a imaginação e abrem perspectivas promissoras de inovação tecnológica.

20. Gases perfeitos

Em 1648, o químico Jan Baptista van Helmont introduziu a palavra gás (do grego kaos) para definir as características de dióxido de carbono (CO_2). Esse nome foi estendido a todos os corpos gasosos e é usado para designar um dos estados da matéria.

Gás perfeito ou gás ideal é um gás hipotético cujas moléculas colidem elasticamente entre si e com o recipiente. Nele, as moléculas têm tamanho insignificante e as forças de atração e repulsão entre elas são desprezíveis.

Exceto em temperaturas muito baixas ou sob pressões muito altas, em geral os gases reais comportam-se como gases aproximadamente ideais. Assim, esses gases obedecem às leis dos gases que surgiram após experimentos em que se observou uma série de relações proporcionais entre temperatura, pressão e volume dos gases ideais, conforme descrito a seguir.

1. Relação entre a pressão P e o volume V.

Quando a temperatura T é constante, a pressão P exercida por um gás em um recipiente fechado é inversamente proporcional ao volume V do recipiente. Isso significa que o volume de gás é inversamente proporcional à pressão que ele aplica, conforme mostrado a seguir.

	Se apenas a pressão P do gás aumenta, seu volume V diminui.
	Se apenas a pressão P do gás diminui, seu volume V aumenta.
Lei de Boyle: P x V = constante	Se a quantidade de gás e a temperatura permanecem constantes, o produto da pressão pelo volume tem sempre o mesmo valor.

Vamos ampliar um pouco esse conceito: para o volume V_1 de gás que está à pressão P_1, se variarmos sua pressão para P_2, seu volume vai variar até um novo valor V_2, de forma que: $P_1 \times V_1 = P_2 \times V_2 =$ constante

Essa é outra maneira de expressarmos a lei de Boyle.

2. Relação entre a temperatura T e o volume V.

Quando a pressão P exercida pelo gás é constante, seu volume V é diretamente proporcional à temperatura T em que ele se encontra, conforme mostrado a seguir.

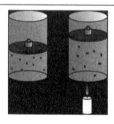

	Se aumentarmos apenas a temperatura T do gás, seu volume V aumenta.
	Se diminuirmos apenas a temperatura T do gás, seu volume V diminui.
Lei de Charles: V/T = constante	Se a quantidade de gás e a pressão permanecem constantes, a razão entre o volume e a temperatura tem sempre o mesmo valor.

Para determinado volume de gás V_1 à temperatura de T_1, se aumentarmos sua temperatura para T_2, seu volume vai aumentar para V_2, de forma que:

$$\frac{V_1}{T_1} = \frac{V_2}{T_2}$$

Essa é outra maneira de expressarmos a lei de Charles.

3. Relação entre a temperatura T e a pressão P.

Quando o volume do gás é constante, a pressão P que ele exerce no recipiente que i contém é diretamente proporcional à sua temperatura T, conforme mostrado a seguir.

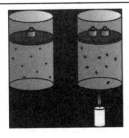

Lei de Gay-Lussac:
P/T = constante

Se aumentarmos apenas a temperatura T do gás, a pressão P que ele exerce aumenta.

Se diminuirmos apenas a temperatura T do gás, a pressão P que ele exerce diminui.

Se a quantidade de gás e seu volume permanecem constantes, a razão entre a pressão P e a temperatura T tem sempre o mesmo valor.

Dado um volume V de gás à pressão P_1 e à temperatura de T_1, se aumentarmos sua temperatura para T_2, sua pressão vai aumentar para P_2, de forma que: $\frac{P_1}{T_1} = \frac{P_2}{T_2}$

Essa é outra forma de expressarmos a lei de Gay-Lussac.

4. Relação entre o volume V e o número de mols n.

Nas mesmas condições de pressão e de temperatura, volumes iguais de quaisquer gases têm o mesmo número de mols. Isso mesmo, não importa o gás, mantidas a pressão e a temperatura, dado volume sempre contém o mesmo número de mols.

O que ocorre é que o volume ocupado por um mol de qualquer gás perfeito à pressão de 1 atm e à temperatura de 27 °C (ou 273 K) é igual a 22,4 L. Desse modo, temos o que segue no esquema.

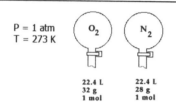

Se aumentarmos apenas o número n de mols do gás, seu volume V aumenta.

Se diminuirmos apenas o número n de mols do gás, seu volume V diminui.

Hipótese de Avogadro:
V / n = constante

Se a pressão do gás e sua temperatura permanecem constantes, a razão entre o volume e o número de mols do gás tem sempre o mesmo valor.

5. A lei geral dos gases perfeitos

As leis parciais discutidas anteriormente podem ser combinadas para obtermos uma lei ou equação que relaciona todas as variáveis (pressão P, volume V, temperatura T e número de mols n) simultaneamente, conforme indicado a seguir.

PxV = constante   V / T = constante   P / T = constante   V / n = constante

$$\frac{P \times V}{n \times T} = \text{constante}$$

Reunindo as leis experimentais de Boyle, de Charles e de Gay-Lussac e a hipótese de Avogadro, o cientista Benoît Paul-Émile Clapeyron propôs uma equação que estabelece as relações entre as variáveis de um gás, conhecida como equação de Clapeyron ou Lei Geral dos Gases: **P.V = n.R.T.**

Reforçamos que, nessa equação, P, V e T indicam respectivamente a pressão, o volume e a temperatura absoluta (em Kelvin) de n mols de gás ideal e R representam a constante dos gases perfeitos (R=8,314 J/mol K). Lembrando que nessa lei, como na de Charles, as temperaturas são expressas em Kelvin (K).

Dessa forma, se para uma mesma quantidade de gás mudamos o valor de uma das variáveis, temos o que segue.

Condição inicial $\quad\quad\quad\quad$ $P_1 \cdot V_1 = n_1 \cdot R \cdot T$

Condição após a mudança $\quad$ $P_2 \cdot V_2 = n_2 \cdot R \cdot T$

Como n_1 e R são constantes:

$$n_1 \cdot R = \frac{P_1 \cdot V_1}{T_1} \quad\quad n_1 \cdot R = \frac{P_2 \cdot V_2}{T_2} \quad\quad \frac{P_1 \cdot V_1}{T_1} = \frac{P_2 \cdot V_2}{T_2}$$

21. Eletricidade

A eletricidade se manifesta porque o material pode ser eletricamente carregado. O que isso significa?

Vimos que a matéria é feita de átomos e que o átomo apresenta cargas negativas e cargas positivas.

Os elétrons têm carga negativa e os prótons têm carga positiva. Essas cargas se compensam de modo que um objeto, em geral, tenha carga neutra. Mas se você esfrega, por exemplo, um bastão de vidro em um pedaço de seda, o vidro vai "desenvolver" carga estática que pode atrair pedaços de papel ou de plástico. O vidro começa a ter mais elétrons do que prótons, ficando com carga negativa, enquanto a seda fica com mais prótons do que elétrons, sendo carregada positivamente.

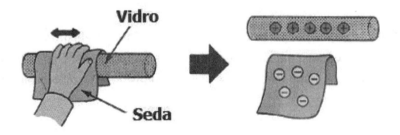

Figura 21.1. Eletricidade estática

O que aconteceu? Houve a produção de eletricidade.

Os corpos podem transmitir eletricidade, mas alguns são melhores transmissores de energia elétrica (condutores, como os metais) do que outros (maus condutores ou isolantes, como a borracha). Usamos motores elétricos, baterias, geradores para tornar um objeto carregado e capaz de transferir energia elétrica.

Atualmente, os efeitos da eletricidade são bem conhecidos e controlados, mas, no curso da história, o homem já atribuiu até explicações de caráter místico ou religioso para certos fenômenos naturais como raios ou ímãs.

As primeiras descobertas dos fenômenos elétricos foram feitas pelos gregos na Antiguidade. O filósofo e matemático Thales, no século V aC, observou que um pedaço de âmbar, após ser esfregado com pele de animal, adquiria a propriedade de atrair corpos leves, como pequenos pedaços de palha e sementes.

Em 1600, William Gilbert publicou seu primeiro estudo científico sobre o assunto, observando que alguns outros materiais se comportam como o âmbar quando friccionados.

Como a designação grega correspondente ao âmbar é elektron, Gilbert começou a usar o termo para se referir a qualquer corpo que se comporta como o âmbar. Daí surgiram as palavras «eletricidade», «eletrizante», «eletrificação», eletrostática» etc.

A pesquisa e o desenvolvimento da eletricidade ficaram, durante os séculos XVII e XVIII, limitados apenas a fenômenos eletrostáticos. O entusiasmo foi grande quando o primeiro capacitor elétrico capaz de armazenar a energia misteriosa apareceu: uma garrafa de água, com rolha perfurada por um prego, chamada de garrafa de Leiden (figura 21.1).

Figura 21.1. Garrafa de Leiden de 1745. Esse dispositivo parece ter sido inventado simultaneamente em 1745 por Ewald G. von Kleist (1700-1748) e Petrus van Musschenbrock (1692-1761), professor na Universidade de Leiden.

Anos mais tarde, Benjamin Franklin foi o primeiro a falar de corpos carregados positiva e negativamente. Em 1800, Alessandro Volta conseguiu, com sua bateria, produzir corrente elétrica contínua e, em 1820, Hans Christian Oersted demonstrou experimentalmente a relação entre eletricidade e magnetismo (figura 21.3).

Figura 21.3. A pilha de Volta e o experimento de Hans Christian Oersted. Disponível em <http://pam-patrimonioartesemuseus.com/photo/pilha-de-volta> e <http://www.digplanet.com/wiki/Hans_Christian_%C3%98rsted>. Disponível em 12 mar. 2014.

A necessidade de controlar a intensidade da corrente elétrica levou ao desenvolvimento de caixas de resistência. Com a bateria de Volta e os geradores de Faraday, conseguia-se corrente contínua, mas como as máquinas eletromagnéticas produziam corrente alternada, surgiu a necessidade de transformadores para transportar eletricidade por longas distâncias. Esses transformadores tiveram poucas modificações e, em essência, seu funcionamento ainda é baseado nos mesmos princípios que levaram Michael Faraday a enunciar, em 1832, sua lei da indução.

Hoje, a eletricidade, entendida como corrente elétrica, pode ser definida como um fluxo contínuo de elétrons através de um condutor (figura 21.4).

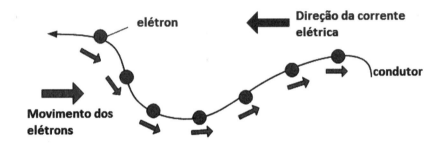

Figura 21.4. Movimento dos elétrons e direção da corrente elétrica. Disponível em <http://130.75.63.115/upload/lv/wisem0708/SeminarIT-Trends/html/tr/right/2.%20Light%20versus%20 Electric%20Current.htm>. Disponível em 2 ago. 2014.

A eletricidade é obtida em grande escala por meio de transformações que empregam fontes de energia térmica (combustíveis, energia geotérmica, energia solar e energia nuclear) ou energia mecânica (energia eólica, hidráulica e das marés), que giram um aparelho motor com turbinas acopladas a alternadores para converter a energia mecânica em energia elétrica, que depois é distribuída para a rede.

22. Eletromagnetismo

O eletromagnetismo é um ramo de eletricidade que estuda a relação entre fenômenos elétricos e fenômenos magnéticos. Fenômenos elétricos e magnéticos foram considerados independentes até 1820, quando sua relação foi descoberta casualmente por Hans Oersted Chirstian.

Oersted observou que a agulha de uma bússola mudava de direção quando colocada próxima de um condutor pelo qual passava corrente elétrica. O cientista pensou, então, que eletricidade e magnetismo eram manifestações de um mesmo fenômeno: as forças magnéticas derivam das forças originárias entre cargas elétricas em movimento. Assim, campo magnético pode ser criado por corrente elétrica. A corrente flui através de um condutor e gera campo magnético em torno dele.

O valor do campo magnético em um ponto do espaço depende da intensidade da corrente elétrica, da distância entre o ponto e o fio e da forma do condutor através do qual passa a corrente elétrica. Para determinar a direção e a orientação do campo magnético, podemos usar a chamada regra da mão direita (figura 22.1).

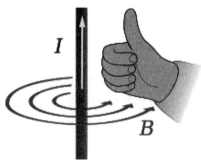

Figura 22.1. Regra da mão direita: apontando o polegar no sentido da corrente, a curvatura do resto dos dedos indica o sentido do campo magnético.

No caso de um fio condutor retilíneo, cria-se campo magnético circular à volta do fio e perpendicularmente a ele. No caso de um condutor em forma de bobina, a direção do campo magnético depende da direção da corrente elétrica e sua intensidade é "reforçada" com o aumento do número de espiras (figura 22.2).

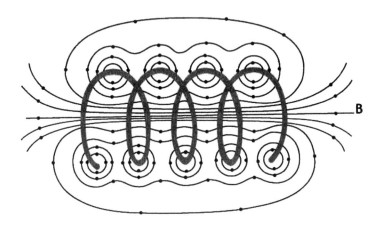

Figura 22.2. Espiral através do qual a corrente flui gerando um campo magnético.

Uma aplicação comum do campo magnético está no uso de bobinas como eletroímãs. Esses eletromagnetos são constituídos por uma bobina, por meio da qual passa corrente elétrica, e um núcleo ferromagnético, colocado no interior da bobina. Quando a corrente elétrica flui, o núcleo de ferro torna-se um ímã temporário. Quanto mais espiras a bobina tem, maior é o campo magnético.

O campo magnético exerce força sobre qualquer carga elétrica que esteja localizada em seu raio de ação. A força exercida pelo campo magnético chama-se força eletromagnética e sua direção pode ser determinada pela regra da mão esquerda (figura 22.3).

22. Eletromagnetismo ♦ 95

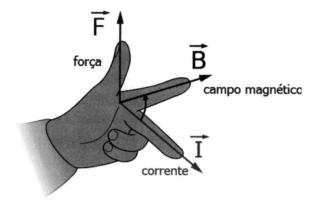

Figura 22.3. Regra da mão esquerda: a direção da corrente é perpendicular à do campo magnético e a direção da força é perpendicular ao plano IB.

O fenômeno exatamente oposto ao encontrado por Oersted é a indução eletromagnética. Michael Faraday pensava que se a corrente elétrica é capaz de gerar campo magnético, então o campo magnético também poderia produzir corrente elétrica. Em 1831, ele realizou uma série de experimentos que permitiram descobrir o fenômeno da indução eletromagnética. Ele descobriu que mover um ímã ao longo de um fio condutor gerava corrente elétrica, chamada de corrente induzida (figura 22.4).

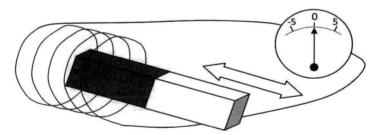

Figura 22.4. Esquema de um dos experimentos de Faraday. Disponível em <http://matrix.fis.ucm.es/phystorm/problemas/103-problemascambiarfisicacat/123-faraday>. Acesso em 15 mar. 2014.

A indução eletromagnética é um fenômeno importante e apresenta diversas aplicações práticas como o transformador, utilizado para ligar de um telefone móvel na rede, o dínamo, que gera corrente contínua, e os alternadores, usados em grandes usinas hidrelétricas para gerar corrente alternada.

23. Eletrólise

A eletrólise é um processo em uma substância, denominada eletrólito, dissocia-se ("separa-se") em seus íons constituintes (ânions e cátions) pela aplicação de diferença de potencial elétrico.

Basicamente, há dois tipos de eletrólitos: os fracos e os fortes. Os utilizados na eletrólise são eletrólitos fortes. Essa família é composta pelos sais, ácidos e bases fortes.

Ácidos e bases fortes são aqueles que se dissociam praticamente em 100% em soluções aquosas. Como bases fortes, podemos citar os hidróxidos de metais alcalinos e alcalino-terrosos, tais como sódio, potássio, cálcio e magnésio. Como exemplos de ácidos fortes, temos o ácido clorídrico, sulfúrico, nítrico e ácido perclórico. Na figura 23.1, temos esquemas que mostram a dissociação de ácidos em soluções aquosas.

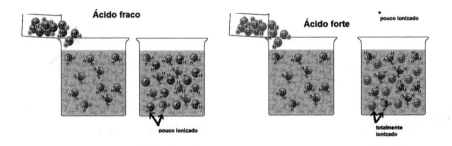

Figura 23.1. Dissociação de ácidos em soluções aquosas. Disponível em <http://www.deciencias.net/proyectos/0cientificos/Tiger/paginas/StrongAcidIonization.html>. Acesso em 13 mai. 2014 (com adaptações).

A eletrólise ocorre em um aparelho denominado cuba ou célula eletrolítica, que contém o eletrólito e os eletrodos, geralmente de metal, que são imersos e ligados a um gerador elétrico. O eletrodo ligado ao polo positivo é chamado de anodo e o eletrodo ligado ao terminal negativo é chamado de catodo. Essa célula forma um circuito elétrico fechado, onde ocorre um fluxo de elétrons na parte metálica do circuito e um fluxo de íons na parte líquida (figura 23.2).

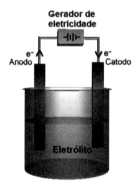

Figura 23.2. Célula eletrolítica.

As células eletrolíticas são usadas para promover reações não espontâneas, ou seja, para «forçar» a ocorrência de reações. A energia necessária é fornecida pela fonte de eletricidade (gerador) e o processo é inverso ao que acontece em pilhas e baterias, conforme comparação mostrada no quadro 23.1.

Quadro 23.1. Comparação entre as características de uma pilha e uma cuba eletrolítica.

Pilha	Cuba eletrolítica
A reação é espontânea	A reação não é espontânea
A reação química produz uma corrente elétrica	A corrente elétrica produz uma reação química
Converte-se energia química em elétrica	Converte-se energia elétrica em química
O anodo é o polo negativo	O anodo é o polo positivo
O catodo é o polo positivo	O catodo é o polo negativo

A eletrólise tem valor muito grande no setor industrial e é usada para obter sódio, alumínio, lítio e muitos outros metais.

Por exemplo, a indústria de cloro-soda eletrolisa soluções de cloreto de sódio para obter diferentes produtos, como gás cloro, gás hidrogênio e hidróxido de sódio.

Primeiramente, ocorre a formação de $Cl_{2(g)}$ e $H_{2(g)}$, uma vez que é mais fácil reduzir o H^+ do que o Na^+, já que o potencial de redução de H^+/H_2O é 0 V, enquanto o Na^+/Na é -2,71 V. As reações são as seguintes:

Anodo	2 Cl- → Cl2 + 2e-
Catodo	2 H2O + 2e- → H2 + 2 OH-
Geral	2 H2O + 2 Cl- → H2 + 2 OH- + Cl2

O sódio que não reagiu se combina com os íons OH- em solução, formando NaOH.

Outro processo eletrolítico muito conhecido é a decomposição da água nos seus elementos: hidrogênio e oxigênio. Esse processo, conhecido como eletrólise da água, está esquematizado na figura 23.3.

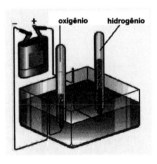

Figura 23.3. Eletrólise da água. Disponível em <http://menosgas.blogspot.com.br/2008/02/electrlisis--del-agua.html>. Acesso em 12 jun. 2013.

24. Radiação

A radiação consiste na propagação de energia na forma de ondas eletromagnéticas ou de partículas subatômicas no vácuo ou em um meio material.

Há muitos fenômenos físicos associados com a radiação eletromagnética como a luz visível, o calor radiante, as ondas de rádio e televisão e certos tipos de radioatividade, como raios-X e raios gama. Todos esses fenômenos consistem na emissão de radiação eletromagnética em diferentes faixas de frequência (figura 24.1).

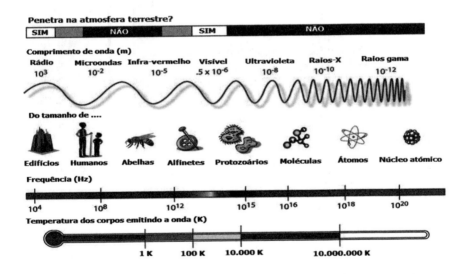

Figura 24.1. O espectro eletromagnético. Disponível em <http://www.astrofisicayfisica.com/2012/06/que-es-el-espectro-electromagnetico.html>. Acesso em 15 mai. 2014 (com adaptações).

Todos os dias estamos expostos a radiações, como a radiação infravermelha do Sol ou de um aquecedor, que são exemplos de radiação térmica. A radiação térmica é produzida quando o calor devido ao movimento de partículas carregadas dentro dos átomos converte-se em radiação eletromagnética. Outro exemplo é a luz emitida por uma lâmpada incandescente.

A transferência de energia linear ou LET (*Linear Energy Transfer*) é uma medida da quantidade de energia "depositada" pela radiação no meio contínuo que é atravessado por ela. Tecnicamente, a LET é expressa como a energia transferida por unidade de comprimento. O valor da LET depende do tipo de radiação e das características do suporte de material perfurado por ela (figura 24.2).

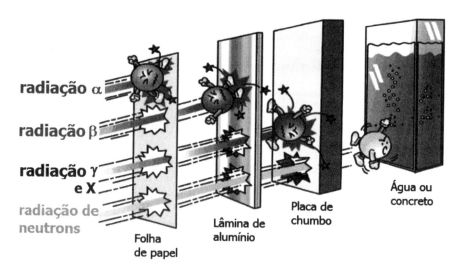

Figura 24.2. Tipos de radiação e sua transferência através de diversos meios. Disponível em <http://naukas.com/2012/04/16/como-se-hace-un-radiofarmaco/>. Acesso em 15 mai. 2014 (com adaptações).

A transferência está relacionada diretamente com duas propriedades importantes na análise da radiação: a difusão e a dose depositada.

Um feixe de alta LET, como as partículas α, perde rapidamente sua energia em uma pequena região do meio e não atravessa espessuras maiores. Pela mesma razão, ele deixa alta dose de radiação no material. Por outro lado, um feixe de radiação de baixa LET, como a radiação γ, perde a sua energia lentamente e, por isso, é capaz de passar por grandes espessuras de material, deixando baixas doses de radiação no material que atravessa.

Dependendo da frequência, as ondas eletromagnéticas podem ou não passar por um meio. Essa é a razão pela qual as transmissões de rádio não funcionam sob o mar e os celulares perdem o sinal no metrô. No entanto, como a energia não é criada nem destruída, quando uma onda eletromagnética atinge uma superfície, duas coisas podem acontecer: a primeira é ela ser transformada em calor, efeito que tem aplicação em fornos de microondas e explica o efeito estufa, e a segunda é ela ser refletida, como num espelho (figura 24.3),.

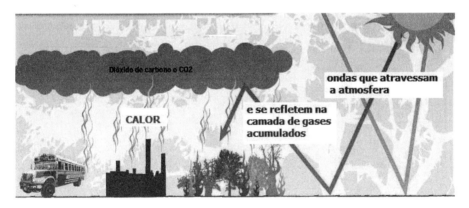

Figura 24.3. Efeito estuda. A radiação solar atravessa a atmosfera, reflete-se na superfície e é impedida de voltar ao espaço pela camada de gases de efeito estufa. As ondas refletidas são responsáveis pelo aumento de temperatura na superfície do planeta.

Isso explica, também, porque podemos nos proteger das partículas α com uma única camada de ar e porque precisamos de uma grande espessura de chumbo para nos proteger dos raios-X. Esse conhecimento é muito importante, uma vez que vários tipos de radiação podem causar danos à saúde de acordo com sua intensidade de radiação ou com o tempo de exposição do corpo humano.

25. Big Bang

Quantos anos tem o universo? Milhões de anos?

Muito mais! Segundo os cientistas, o universo tem aproximadamente 15 bilhões de anos, ou seja, 15.000.000.000 de anos. E tudo começou com o big bang...

O big bang não foi uma super explosão como as ocorridas nos reatores nucleares de Chernobyl (Ucrânia), em 1986, e de Fukushima (Japão), em 2011.

O big bang não foi algo que aconteceu em um lugar específico, mas em todo lugar. Além disso, não há sentido em perguntarmos sobre o que havia antes de o big bang ocorrer, pois ele marca o início da contagem do tempo. Não havia tempo antes do big bang.

Nos instantes que se sucederam imediatamente ao big bang, o universo estava muitíssimo quente (temperatura de 10^{32} K, ou seja, 100.000.000.000.000. 000.000.000.000.000.000 K) e pequeno (bem menor do que um próton, cujo diâmetro é de 2.10^{-5} m, ou seja, 0,000000000000002 m). Só para termos uma ideia, os dias mais quentes de 2012 em países europeus como a França, a Holanda e a Alemanha tiveram temperaturas na ordem de 40 °C (313 K) e o diâmetro do menor planeta do sistema solar, Mercúrio, é quase 5.000 km (5.000.000 m).

Um minuto depois do big bang, o universo já estava bem mais frio e houve a formação de alguns íons. Trezentos mil anos após o big bang, a temperatura do universo caiu mais ainda, chegando a aproximadamente de 10^4 K (10.000 K), e houve a formação dos primeiros átomos.

106 ♦ Explicando Física e Química

Diante dessa cronologia, ficamos tentados a perguntar: quando o nosso planeta, a Terra, foi formado?

A Terra tem cerca de 4,5 bilhões de anos, ou seja, 4.500.000.000 de anos. Isso é menos de um terço da idade do universo. E o primeiro representante do gênero humano surgiu há aproximadamente 2,5 milhões de anos, no sul da África. Era um hominídeo bípede e com o cérebro relativamente grande.

Precisamos ainda registrar que a Terra é apenas um dos muitos planetas do sistema solar. O sistema solar é apenas um dos muitos sistemas da Via Láctea. A Via Láctea é apenas uma das milhões de galáxias do universo.

Impressão e acabamento
Gráfica da Editora Ciência Moderna Ltda.
Tel: (21) 2201-6662